AF474288

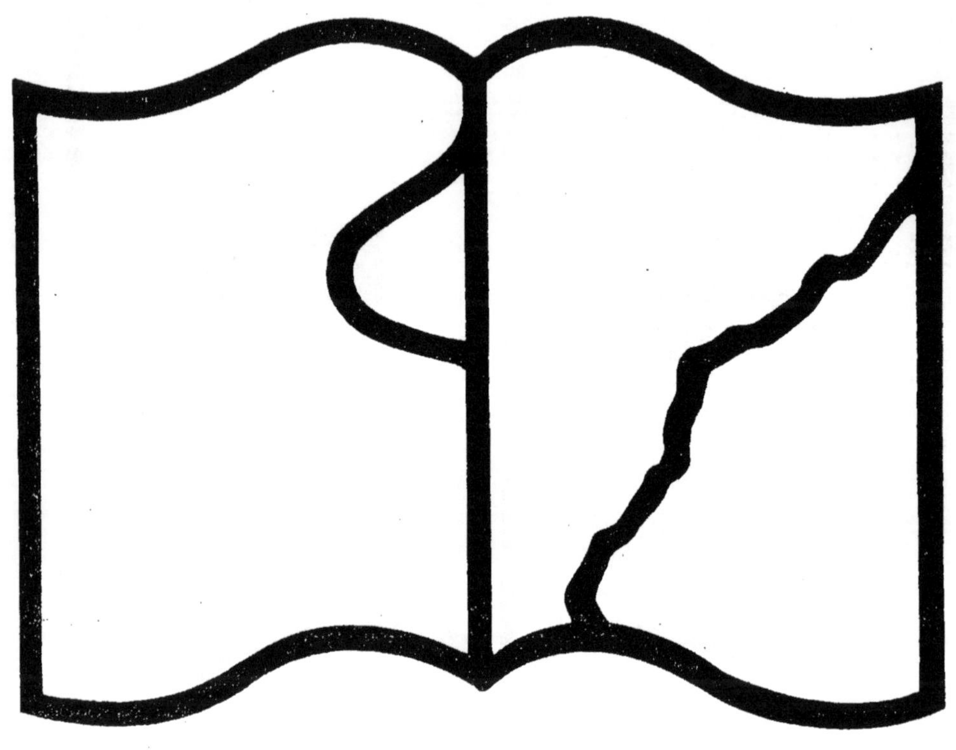

[illegible]

MACHINES-OUTILS

À

TRAVAILLER LE BOIS

Machines à trancher, à corroyer
à blanchir et à dresser sur les quatre faces. — Machines à [illegible].
Travail des mortaises et tenons. — Machines à fabriquer les [illegible] en bois.
Machines à fabriquer les tonneaux, etc., etc.

PAR

MM. RAUX ET VIGREUX
Ingénieurs civils

Suivi de notes et de documents
extraits des ANNALES DU GÉNIE CIVIL et des études sur les
dernières Expositions

1 vol. in-8, 92 pages avec figures, 20 planches

Prix : **10 francs**

PARIS
LIBRAIRIE SCIENTIFIQUE INDUSTRIELLE ET AGRICOLE
EUGÈNE LACROIX, IMPRIMEUR-ÉDITEUR
Du *Bulletin officiel de la marine* et de plusieurs Sociétés savantes
54, Rue des Saints-Pères, 54
Près le boulevard Saint-Germain

[illegible]

BIBLIOTHÈQUE SCIENTIFIQUE-INDUSTRIELLE ET AGRICOLE
Des Arts et Métiers. VIII

MACHINES OUTILS
A
TRAVAILLER LE BOIS

Machines à trancher, à corroyer,
à blanchir et à dresser sur les quatre faces. — Machines à percer.
Travail des mortaises et tenons. — Machines à fabriquer les sceaux en bois.
Machines à fabriquer les tonneaux, etc., etc.

PAR
MM. RAUX ET VIGREUX
Ingénieurs civils.

**Suivi de notes et de documents
extraits des ANNALES DU GÉNIE CIVIL et des Études sur les dernières Expositions**

1 *vol. in-8, 92 pages avec figures, 20 planches*

Prix : **10 francs**

PARIS
LIBRAIRIE, SCIENTIFIQUE INDUSTRIELLE ET AGRICOLE
EUGÈNE LACROIX, IMPRIMEUR-ÉDITEUR
Du *Bulletin officiel de la marine* et de plusieurs Sociétés savantes.
54, Rue des Saints-Pères, 54
Près le boulevard Saint-Germain.

Imprimerie et Librairie de E. Lacroix, rue des Saints-Pères, 54, à Paris.

MACHINES-OUTILS

A

A TRAVAILLER LE BOIS

BIBLIOTHÈQUE SCIENTIFIQUE-INDUSTRIELLE ET AGRICOLE
Des Arts et Métiers. VIII.

MACHINES OUTILS

A

TRAVAILLER LE BOIS

Machines à trancher, à corroyer,
à blanchir et à dresser sur les quatre faces. — Machines à percer.
Travail des mortaises et tenons. — Machines à fabriquer les sceaux en bois.
Machines à fabriquer les tonneaux, etc., etc.

PAR

MM. RAUX ET VIGREUX
Ingénieurs civils.

**Suivie de notes et de documents
extraits des ANNALES DU GÉNIE CIVIL et des Études sur les
dernières Expositions**

1 *vol. in*-8, 92 *pages avec figures*, 20 *planches*

Prix : **10 francs**

PARIS
LIBRAIRIE SCIENTIFIQUE INDUSTRIELLE ET AGRICOLE
EUGÈNE LACROIX, IMPRIMEUR-ÉDITEUR
Du *Bulletin officiel de la marine* et de plusieurs Sociétés savantes.
54, Rue des Saints-Pères, 54
Près le boulevard Saint-Germain.

PRÉFACE DE L'ÉDITEUR

Cet ouvrage formé de la réunion des articles publiés dans les *Annales du Génie civil* et dans la *Nouvelle technologie des arts et métiers* présente au lecteur un grand intérêt en ce qu'il résume toutes les notions acquises jusqu'à ce jour sur le des machines-outils à travailler le bois.

Nous ajouterons que chaque fois que le sujet s'y prête, MM. les rédacteurs des *Annales du Génie civil* cherchent à donner à leurs articles, un esprit de suite et d'ensemble, qui de leur réunion, forment une véritable *monographie* de la matière traitée.

Nous avons pu, par une petite correction sur les clichés, donner au texte une pagination suivie, mais les planches ont dû conserver le numéro d'ordre de la publication d'où elles sont extraites.

Paris, le 1er avril 1878.

E. LACROIX.

TABLE DES MATIÈRES

TABLE DES PLANCHES

MACHINES-OUTILS

A TRAVAILLER LE BOIS,

PAR MM. **A. RAUX** ET **L. VIGREUX**,
Ingénieurs civils.

Planches 87, 88, 89, 90, 91, 92, 93, 104, 103.

I

Les machines-outils à travailler le bois offrent, par suite de l'extension qu'elles prennent chaque jour, un exemple intéressant des phases diverses que suit une industrie depuis son apparition jusqu'à son complet établissement. Aussi avons-nous pensé, dès le moment où nous fûmes chargés de cette partie des *Études sur l'Exposition*, à faire précéder notre travail principal d'un aperçu historique renfermé nécessairement dans les limites que nous impose notre cadre.

Nous ne nous serions pas cependant engagés dans cette voie si nous n'avions été persuadés par nos premières recherches elles-mêmes de *l'utilité* de cette première étude. Ainsi ceux de nos lecteurs, pour lesquels les machines à bois font l'objet d'une spécialité, trouveront dans cet exposé des exemples de recherches faites alors que le but que l'on se proposait d'atteindre l'était déjà depuis longtemps par des moyens analogues souvent préférables. Ces travaux n'eussent certainement pas existé, si leurs auteurs avaient connu les antécédents de l'industrie à laquelle ils appartenaient, et l'on eût évité de cette manière ces inutiles dépenses d'intelligence, de temps et d'argent.

Quant aux personnes étrangères à l'industrie dont nous nous occupons, notre aperçu historique, en leur indiquant les améliorations successives dont elle a été l'objet, les procédés mécaniques à l'aide desquels elles ont été réalisées, leur aura appris les principales conditions auxquelles les machines à bois doivent satisfaire et les agencements qui méritent la préférence. Elles pourront donc se rendre compte des progrès accomplis dans la construction des machines faisant partie de l'Exposition actuelle.

Or, l'importance d'une exposition, son influence sur un état social dépendent de la somme des progrès réalisés. Ceux de ses visiteurs qu'une vaine curiosité n'aurait pas seule attirés devraient donc se rendre compte, d'une manière générale et sommaire, des progrès obtenus pour chaque industrie. Ils retireraient de ces connaissances partielles des notions générales mais vraies sur les relations des différents groupes du travail entre eux, sur l'aide qu'ils se prêtent, sur leurs exigences réciproques. Ils posséderaient enfin la majeure partie des éléments les plus importants qui concernent l'organisation du travail, organisation dont l'amélioration continue intéresse tous les membres d'une société, qu'ils soient spécialistes ou non. Nous pensons que les historiques, faciles à comprendre pour les personnes étrangères à l'industrie, sont un des meilleurs moyens d'atteindre le but proposé.

Le travail des machines-outils, examiné à un point de vue général, présente sur le travail à la main les avantages suivants :

1° Exécution facile des grandes pièces qu'il est impossible d'obtenir par le travail à la main.

2° Rapidité et régularité.

3° Bon marché du travail mécanique comparativement à celui de l'homme; bon marché dont le résultat est l'augmentation du nombre des consommateurs d'un même objet, et, par suite, l'accroissement de la part du travail général qui revient à l'industrie qui produit cet objet.

La *nécessité* d'employer les machines pour le travail des grosses pièces métalliques se fit sentir à l'époque où Watt organisa ses immenses ateliers; en sorte que le monde industriel n'eut pas à se convaincre des autres avantages que présentent les machines-outils pour se livrer à leur construction sur une grande échelle et à des recherches incessantes pour les perfectionner.

La *nécessité* dont nous venons de parler ne fit qu'augmenter de jour en jour par suite de l'emploi du fer dans les industries qui, jusque-là, ne s'étaient servies que du bois et de la pierre comme matériaux. Ajoutons à cette cause d'accroissement de la production des machines à travailler le fer, leur propre construction et nous nous expliquerons la rapidité avec laquelle cette industrie s'est répandue et a presque atteint son apogée.

Il n'en a pas été de même pour les machines à travailler le bois. Il suffira, pour se rendre compte de cette différence, de remarquer que les pièces, dont l'importance n'avait pas varié, *pouvaient* toujours être travaillées à la main et que, par conséquent, le travail mécanique n'était pas devenu pour elles d'une absolue nécessité ; que, de plus, l'emploi du bois n'a fait que diminuer relativement, par suite de l'emploi du fer qui lui a été substitué dans les constructions proprement dites.

Il n'est donc resté, pour vulgariser l'usage des machines à bois, que les deux derniers des avantages que présentent en général les machines-outils, sur les trois que nous avons cités ; la rapidité et la régularité n'ont pu réellement être obtenues que par suite d'améliorations successives, améliorations dont nous pensons avoir expliqué la lenteur ; de même que le bon marché du travail mécanique et surtout ses conséquences économiques se sont difficilement imposées à la conviction générale et seulement dans ces dernières années.

L'ordre que nous suivrons dans nos études, aussi bien en ce qui concerne notre aperçu historique que notre compte rendu sur l'exposition, sera basé sur la nature de l'outil mis en mouvement par les machines-outils. Cette division, toute conventionnelle, nous permettra d'éviter la confusion que l'examen non méthodique des diverses machines ne manquerait pas d'amener dans l'esprit. Notre classification sera la suivante :

1° *Outils à trancher pour corroyer le bois*......	Machines à raboter, à planer, à bouveter, à faire les rainures et les languettes, à faire les parquets ; toupies, etc. Machines à travailler les bois de placage.
2° *Outils à trancher par percussion et à percer.*	Machines à mortaiser et à faire les tenons.
3° *Outils à scier*........................	Scieries mécaniques, machines à raboter, à faire les parquets. Machines à travailler les bois de placage.

Nous n'avons pas à nous occuper des machines plus spécialement destinées au travail de certains objets tels que bouchons, douves de tonneaux, ameublements, confiées aux soins de l'un de nos collaborateurs.

Machines à trancher pour corroyer le bois.

La première machine à travailler le bois à l'aide de couteaux que nous ayons rencontrée dans nos recherches, est une machine anglaise importée en France en 1810 par MM. Ternaux frères. Cette machine destinée à réduire les bois de teinture en copeaux, se composait d'un bâti en bois portant un arbre horizontal en fer. A l'une des extrémités de cet arbre étaient placés un volant et la poulie de commande, à l'autre extrémité un tambour vertical composé : 1° d'un cercle en cuivre portant des entailles dans lesquelles s'engageaient les couteaux ayant la forme de couteaux emmanchés pour l'usage à la main ; 2° d'un cercle en bois sur lequel se fixait le cercle en cuivre ; 3° de deux cercles en fer reliés entre eux et au cercle de bois par des pièces en fer placées horizontalement et parallèlement à l'axe du tambour.

L'inclinaison des couteaux placés sur la surface cylindrique du tambour se réglait à l'aide de petits appendices en fer, munis de vis et d'écrous et placés sur le premier cercle en fer ; leur plus ou moins grand avancement s'obtenait à l'aide d'écrous fixes portés par le deuxième cercle en fer dans lesquels s'engageaient les extrémités filetées des couteaux. Le tambour animé d'un mouvement de rotation assez rapide faisait 150 révolutions par minute.

La bille de bois à couper était placée sur un chariot, monté sur galets et se mouvant horizontalement sur le bâti. Ce chariot se composait de deux tringles de fer, réunies par un quart de cercle, et dont l'une, placée à l'intérieur du bâti, portait une crémaillère engrenant avec un pignon quart de cercle dont l'axe portait une poulie en demi-cercle commandée à l'aide d'une corde par une pédale. En appuyant le pied sur cette dernière, on déterminait l'avancement du chariot, et, par conséquent, celui de la bille de bois sous les couteaux. Un contrepoids fixé à une corde qui, après avoir passé sur une poulie placée sur le bâti, venait s'attacher au chariot, en déterminait le recul lorsque la pédale avait cessé d'agir.

Quoique appliquée au bois de teinture, d'une construction grossière et remplie d'imperfections, cette machine présente les deux éléments principaux qui, convenablement modifiés, constitueront jusqu'en 1830 la classe la plus importante des machines à raboter. Ces éléments sont le porte-outil animé d'un mouvement de rotation rapide sur place, et le chariot possédant un mouvement rectiligne alternatif.

Aucune tentative ne fut faite dans les années qui suivirent la précédente importation pour créer des machines à travailler le bois. Ce ne fut qu'en 1817 et 1818 que les frères Roguin, concevant le problème dans sa plus grande généralité, proposèrent une machine destinée tout à la fois à raboter le bois, à faire les rainures et les languettes, à faire les moulures d'ornement; on ne pensait pas à cette époque que les tenons et mortaises pussent être obtenus mécaniquement.

Cette machine se composait d'un bâti horizontal en bois, analogue à un banc de menuisier et portant des longrines sur lesquelles étaient pratiquées des coulisses. Dans ces dernières roulait un chariot monté sur galets et destiné à porter le bois à raboter.

La commande était transmise à l'aide d'une corde s'enroulant sur deux roues verticales portées par le bâti ; l'une de ces roues faisait mouvoir un treuil dont la corde était fixée par l'une de ses extrémités au chariot et en déterminait l'avancement ; l'autre roue donnait au porte-outil, monté sur un arbre horizontal, un mouvement de rotation rapide par l'intermédiaire d'une série de roues dentées disposées de façon à ce que la vitesse de rotation fût en rapport avec la vitesse d'avancement du chariot.

L'outil était un cylindre en fer dans lequel étaient entaillées les lames ou couteaux destinés à raboter le bois. Pour éviter le retour du chariot sans travail et par conséquent une grande perte de temps, les auteurs de cette machine avaient proposé de placer à côté du premier, un second rabot tournant en sens inverse et qui était éloigné de la planche pendant son aller. Ils n'avaient cependant indiqué aucun moyen mécanique d'exécution.

En 1818, un des frères Roguin modifia la disposition du rabot qui fut composé de lames mobiles, fixées sur le porte-outil à l'aide de vis, lames auxquelles on ajouta des contre-lames comme dans les rabots ordinaires afin d'éviter les éclats du bois. On obtint de cette manière une grande facilité pour changer les fers du rabot, tant pour l'affûtage que pour la forme des moulures à tracer. Enfin, changeant complétement le système qu'ils avaient primitivement adopté et dans lequel la pièce à dresser est mobile tandis que l'outil est animé d'un mouvement de rotation sur place, les frères Roguin construisirent une machine dans laquelle la pièce à raboter était fixe, tandis que le porte-outil était non-seulement animé d'un mouvement de rotation, mais encore d'un mouvement rectiligne alternatif. Ce dernier système présenta de grands inconvénients, soit par suite de la légèreté du porte-outil, soit par suite d'une mauvaise construction ; on remarqua que des ondes prononcées restaient marquées sur le bois.

Malgré l'imperfection de cette machine, la difficulté de régler la hauteur de l'outil suivant l'épaisseur de la planche, la force motrice énorme absorbée, qu'elle fût mue à bras d'homme ou mécaniquement, le problème n'en était pas moins parfaitement posé et nous pensons que c'est aux frères Roguin que revient l'honneur d'avoir entrevu les premiers la possibilité de transformer l'industrie du bois à l'aide des machines-outils.

En 1824, M. de Manneville prend un brevet pour les machines à parquets dont nous renvoyons la description au moment où nous nous occuperons des outils à scier. Dans la même année est pris un brevet par M. Contagne pour une machine à raboter ne présentant aucun avantage nouveau. Nous ne mentionnons ces deux faits que parce qu'ils indiquent l'état des esprits, qui, comme on le voit, commençaient à se préoccuper des machines à travailler le bois.

M. Pape, facteur de pianos, proposa en 1826 et 1827 une machine à débiter les bois de placage, à tourner et moleter les bases et chapiteaux des pieds de pianos ou autres meubles. Cette machine agissait péri sphériquement. La bille de bois, coupée à la longueur voulue par l'écartement des montants verticaux formant le bâti de la machine était placée sur un arbre creux horizontal qui la traversait suivant son axe. Cet arbre creux enveloppait un second arbre recevant, par l'intermédiaire de roues dentées, son mouvement de rotation d'une manivelle mue à la main. Au-dessus de la bille de bois et porté par les montants du bâti, était placé un rabot absolument fixe qu'une tringle et un contre-poids appuyaient constamment sur le bois. Le fer du rabot était un couteau uni dans le cas où l'on avait à débiter des bois tendres, et dentelé lorsque ces bois étaient durs. Pour faciliter, dans ce cas, l'enlèvement de la feuille de placage, un mouvement de va-et-vient était imprimé à l'arbre creux portant la bille, cet arbre pouvant glisser sur l'arbre horizontal qui le supportait. Enfin, les feuilles venaient, au fur et à mesure qu'elles étaient débitées, s'enrouler sur un treuil qu'un poids descendant faisait tourner.

On changeait les fers du rabot lorsqu'on voulait tourner ou moleter suivant la forme à donner aux pièces.

Cette machine présentait de graves défauts, tels que l'impossibilité d'obtenir des feuilles d'une épaisseur régulière. Sa construction était d'ailleurs tellement grossière qu'on ne saurait lui donner le nom de machine-outil. Néanmoins, elle a amené un très-grand progrès, c'est la substitution des couteaux aux scies dans le travail des bois de placages, substitution[1] ordinairement attribuée à M. Picot dont nous examinerons plus loin les machines.

Nous n'oserions cependant donner à M. Pape la priorité de ce progrès si tardif, puisque l'on se servait depuis longtemps déjà de tranchants pour les machines à raboter. Nous trouvons en effet que M. Pape se fait breveter en 1837 pour une machine à débiter les bois de placage à l'aide d'un fer au lieu d'une scie, ce qui laisserait supposer que cet inventeur ne s'était pas bien rendu compte de l'importance de l'outil proposé par lui en 1827.

De 1830 à 1838, M. Sautreuil, de Fécamp, invente deux machines, l'une à ouvrer les planches sur le plat, l'autre sur le champ. On est frappé tout d'abord, à l'inspection de ces machines, de leurs formes complétement dissemblables de celles des machines que nous avons examinées jusqu'ici, de leur élégance et de leur bon agencement. Toutes les transmissions de mouvement à l'aide de cordes ont complétement disparu; en résumé, on constate un immense progrès et l'on a sous les yeux de véritables machines-outils.

La machine à ouvrer les planches sur le plat se compose d'un bâti en fonte dont les supports présentent la forme d'un demi-cercle ayant sa concavité tournée vers le sol. A leur partie supérieure, ces supports sont reliés à la partie horizontale du bâti, munie de rouleaux sur lesquels glisse la planche à raboter. Le bâti porte en son milieu et à sa partie supérieure un arbre horizontal sur lequel est calé le porte-outil auquel il imprime un mouvement de rotation rapide. A cet effet, cet arbre porte à l'une de ses extrémités deux poulies, dont l'une est folle, destinées à recevoir la courroie de commande. A l'autre extrémité, le même arbre porte une poulie qui, à l'aide d'une courroie, transmet le mouvement du moteur à une seconde poulie placée à la partie inférieure du support en demi-cercle. Cette dernière poulie, par une série de roues dentées[2], imprime le mouvement de rotation à deux cylindres cannelés dont les axes sont portés par une romaine à contre-poids afin de régler la pression des cylindres sur le bois. Ceux-ci déterminent l'avancement de la planche sous l'outil. Enfin, un chariot qui porte la planche à raboter et monté sur roues, repose sur la surface horizontale d'un plan incliné dont la surface oblique roule sur des galets fixés aux montants courbes du bâti. Ce plan incliné peut recevoir un mouvement d'avancement ou de recul à l'aide d'une vis mue par une manivelle. On obtient de cette manière l'ouverture entre le chariot et l'outil nécessitée par l'épaisseur de la planche.

Le porte-outil est un prisme en fonte dont les côtés sont évidés et qui a pour longueur la largeur du bâti. Sur ce porte-outil sont rapportées des lames de rabot ordinaire ayant la même longueur que lui. Ce porte-outil repose donc sur le même principe que celui adopté par les frères Roguin en 1818.

1. Les principaux avantages de cette substitution sont la précision avec laquelle on peut obtenir des feuilles de placage, l'absence du déchet occasionné par les traits de scie et enfin la rapidité avec laquelle les billes de bois sont débitées.

2. Ces roues dentées ont pour effet d'établir le rapport qu'indique l'expérience entre la vitesse de l'outil et celle d'avancement de la planche.

La description qui précède nous suggère les remarques suivantes:

A l'époque où les frères Roguin proposèrent leur machine, on paraissait devoir adopter pour les machines à bois les mêmes dispositions que celles qui étaient suivies dans les machines à travailler le fer; à savoir: un chariot animé d'un mouvement rectiligne alternatif et un outil fixe. Cet outil n'occupant pas toute la largeur de la pièce à ouvrer, il était nécessaire, comme pour les machines à raboter le fer, d'éviter la perte de temps due au retour de la planche soit en lui donnant une plus grande vitesse qu'à l'aller, soit en faisant travailler l'outil pendant le retour. Mais l'expérience prouva plus tard qu'on avait estimé la résistance due au rabotage plus grande qu'elle n'était réellement et qu'elle permettait le travail du bois sur toute sa largeur. De là, la suppression du mouvement rectiligne alternatif remplacé par un mouvement rectiligne *continu* à l'aide des cylindres cannelés, et, par conséquent, le changement de l'office rendu par le chariot qui ne sert plus que de support pour le bois, élevant ou abaissant les planches chaque fois que le nécessite leur changement d'épaisseur. Bientôt nous verrons le chariot disparaître complétement.

C'est donc à M. Sautreuil que revient l'honneur d'avoir réalisé les progrès que nous venons d'indiquer, dont le caractère principal est le travail sans interruption.

La machine à ouvrer les planches sur le champ était construite sur les mêmes principes que la machine à ouvrer sur le plat. Elle en différait principalement par la disposition de ses organes.

Le bâti avait la même forme que celle précédemment décrite, mais il ne portait plus le chariot qui, indépendant de lui et monté sur galets, reposait sur des rails fixés au sol. Faisant suite au bâti, ce chariot portait le plan incliné destiné à donner sous l'outil l'ouverture nécessaire au passage des planches. Le mouvement d'avancement ou de recul du plan incliné, permettant d'obtenir son relèvement ou son abaissement, était produit à l'aide d'une tige-crémaillère, à laquelle il était fixé, engrenant avec un secteur denté commandé par une vis sans fin à manivelle.

Le bâti recevait à sa partie supérieure un arbre horizontal portant : en son milieu, deux poulies de commande, dont l'une folle; à l'une de ses extrémités, le porte-outil; à l'autre extrémité, une poulie dont la courroie s'enroulait sur une seconde poulie placée à la partie inférieure du bâti et qui, à l'aide d'engrenages droits et deux roues d'angle, imprimait un mouvement de rotation à un arbre vertical. A son extrémité supérieure, cet arbre portait un rouleau tournant avec lui et pressant la planche sur deux rouleaux fixés au bâti. Ces trois cylindres déterminaient l'avancement du bois sous l'outil.

Pour régler la pression des cylindres sur le bois, l'extrémité supérieure de l'arbre vertical s'engageait dans l'une des branches d'un levier coudé horizontal dont l'extrémité était fixée au bâti, mais pouvant cependant prendre un mouvement de rotation horizontal autour de son point d'attache. La seconde branche de ce levier était à crémaillère engrenant avec un secteur denté, faisant partie de l'une des branches du second levier horizontal, parallèle au premier, et portant un poids par l'intermédiaire d'une corde passant sur une petite poulie de renvoi placée sur le bâti. Il résultait de cette disposition que, suivant le poids qui agissait, la branche du levier dans lequel s'engageait l'extrémité supérieure de l'arbre vertical s'inclinait plus ou moins vers le bois ainsi que le cylindre porté par cet arbre.

Pour permettre à ce dernier de suivre le mouvement de son extrémité supérieure, son extrémité inférieure était mobile horizontalement et ce mouvement latéral s'obtenait à l'aide d'une manivelle commandant une vis.

Cette machine n'était pas aussi simple dans ses dispositions que la première, et nous verrons plus tard ces deux machines remplacées par une seule.

De 1834 à 1840, M. Picot commence à transformer les machines employées pour les bois de placage.

La machine proposée par M. Picot se composait d'un cylindre portant un *couteau* placé suivant un diamètre. Ce cylindre, porté par un chariot en bois animé d'un mouvement rectiligne alternatif vertical, pouvait prendre diverses inclinaisons suivant la direction des fibres du bois à couper.

Dans ce mouvement de va-et-vient, le chariot rencontrait une broche qui, à l'aide d'un cliquet, faisait mouvoir une roue reliée à trois autres roues par une chaîne de Galle. Ces quatre roues placées verticalement sur le bâti formaient les têtes de quatre vis destinées, dans leur avancement simultané, à pousser le bois horizontalement sous le couteau après la section de chaque feuille de placage. Le mouvement du chariot était obtenu à l'aide de deux manivelles mues à la main, dont l'arbre portait deux pignons engrenant avec un second arbre parallèle au premier et placé au-dessous de lui. Ce dernier arbre portait des pignons commandant les crémaillères du chariot.

Les pignons des deux arbres étaient disposés de façon à obtenir, — par un embrayage ou un désembrayage, — une plus grande vitesse au retour du couteau qu'à son aller, la manivelle tournant toujours dans le même sens.

Cette machine était une véritable innovation. Cependant il paraîtrait qu'elle ne pouvait servir que difficilement à couper les bois très-durs tels que les racines d'acajou.

Nos recherches nous présentent, au point où nous sommes arrivés, un exemple de l'utilité des historiques.

En 1835, M. Marion de la Brillantais prend un brevet pour une machine propre à raboter, à couper les bois de placage au lieu de les scier, à faire des moulures. M. de la Brillantais n'indique aucune espèce de machine pouvant réaliser l'idée dont il se croit l'inventeur, idée qui consiste en un chariot animé d'un mouvement de va-et-vient et portant le bois sous un outil fixe ; cette idée date, nous l'avons vu, de 1817.

En 1840, M. Burnett, de Londres, importe en France une série de machines perfectionnées propres à travailler ou façonner les bois. Nous n'examinerons ici que celles des machines de cette série dont l'outil tranche le bois en le corroyant.

La première machine que nous décrirons est une machine verticale, le principal outil travaillant verticalement. Cette machine rabote ses planches sur les deux faces ou sur une seule, peut faire les parquets ou des moulures à volonté.

Elle se compose d'un bâti formé d'un socle ou piédestal, à chaque extrémité duquel sont placées quatre colonnes, accouplées deux à deux dans le sens de la longueur du bâti et laissant entre chaque accouplement un certain espace vide dans le sens transversal. Les quatre colonnes placées aux extrémités du bâti sont reliées transversalement et à leur partie supérieure par des entretoises dans lesquelles sont pratiquées des rainures, aussi dans le même sens, auxquelles correspondent des rainures pratiquées à la partie supérieure du socle. C'est dans ces rainures que s'engagent les paliers de deux cylindres cannelés mobiles placés derrière chaque accouplement de colonnes, d'un même côté du bâti. Deux autres cylindres cannelés fixes, dits cylindres alimentaires, font face aux premiers, de l'autre côté du bâti. L'intervalle qui reste entre chaque couple de cylindres cannelés sert juste au passage de la planche. Pour régler la pression des cylindres sur le bois, les paliers des cylindres mobiles glissent dans les rainures horizontales dont nous avons parlé à l'aide de vis horizontales auxquelles ils sont liés et traversant des plaques verticales placées dans les rainures. Les vis sont mues par des manivelles à la main et les plaques verticales sont fixées à l'une des extrémités d'un ressort à boudin dont l'autre extrémité est fixée au palier [1]. Les cylindres fixes ou alimentaires sont réunis à leurs extrémités supérieures par un arbre horizontal portant à chaque extrémité une roue d'angle engrenant avec une roue semblable placée sur les axes de ces cylindres, dont les mouvements sont ainsi rendus solidaires. L'un de ces derniers reçoit le mouvement de rotation du moteur par l'intermédiaire d'une roue dentée que porte son axe, et d'une vis sans fin portant la poulie de commande.

Vers le milieu du bâti, de chaque côté de son axe longitudinal, sont placés des montants fixés au sol et supportant un banc semblable à celui d'un tour. Ce banc porte à sa partie supérieure des règles triangulaires qui entrent dans des rainures pratiquées à la partie inférieure de deux poupées, une de chaque côté de l'axe du bâti. Ces dernières sont, comme les poupées des tours, munies de poulies et de mandrins horizontaux portant à leurs extrémités des cercles verticaux raboteurs. C'est entre ces derniers que passe la planche qu'ils rabotent sur le plat. Les poulies placées sur les mandrins reçoivent les courroies de commande du moteur et impriment aux cercles raboteurs un mouvement rapide de rotation verticale.

Les cercles raboteurs qui peuvent s'écarter à volonté l'un de l'autre suivant l'épaisseur de la planche, portent à leur circonférence deux espèces de fers. La première est composée de fers courbes en forme de gouges destinés à enlever les plus grosses aspérités tandis que des fers plats enlèvent de légers copeaux, et terminent l'ouvrage.

La planche se trouvant rabotée sur le plat, elle passe sous deux outils en forme de fraises, placées au-dessus et au-dessous de la planche, mobiles verticalement dans des coulisses pratiquées dans le bâti afin de faire varier leur écartement suivant la largeur de la planche.

Ces fraises qui font des languettes, des rainures ou des moulures, suivant la forme des fers, sont composées de trois scies elliptiques dont l'inclinaison sur leur axe peut varier, de même qu'on peut les écarter à volonté l'une de l'autre à l'aide de rondelles de diverses épaisseurs.

La machine à raboter horizontale de M. Burnett se compose de deux flasques en fonte reliées par trois entretoises formant tablettes.

Au-dessus de chacune de ces tablettes sont placées trois autres tablettes dont les extrémités peuvent glisser verticalement dans les rainures que présentent les montants verticaux correspondants, sur chaque flasque, aux extrémités des entretoises. Ce mouvement d'ascension et de descente, variant avec les épaisseurs de planche, est obtenu à l'aide de dispositions analogues à celles que nous avons indiquées pour le cylindre alimentaire de la machine précédente. C'est entre les tablettes que glisse la planche posée à plat. Entre les deuxième et troisième couples de montants verticaux, deux autres montants à rainures reçoivent les paliers de deux cylindres porte-outils placés l'un au-dessus de l'autre, le cylindre inférieur qui repose sur le bâti étant fixe. Le relèvement et l'abaissement du cylindre porte-outil mobile sont obtenus par les mêmes moyens que ceux que nous avons décrits. Ces deux cylindres sont munis de poulies pour recevoir la commande. Quant à l'outil, il est analogue aux fraises précédemment employées

1. L'élasticité obtenue à l'aide de cette disposition est précieuse à cause des inégalités que présente une planche avant le rabotage, inégalités qui pourraient produire l'écrasement si les cylindres étaient invariables après que leur écartement a été réglé d'après l'épaisseur des planches.

et composé de scies elliptiques, inclinées sur leur axe et occupant toute la largeur du bois à travailler. Enfin à l'extrémité du bâti sont placés deux cylindres cannelés pouvant s'écarter verticalement l'un de l'autre et destinés à imprimer à la planche un mouvement rectiligne d'avancement. Ces deux cylindres cannelés reçoivent leur mouvement de rotation des arbres portant les cylindres porte-outils par l'intermédiaire de roues dentées et de vis sans fin.

Après avoir été rabotée sur l'une de ses deux faces ou sur toutes deux, la planche est bouvetée ou reçoit des languettes à l'aide de deux cercles raboteurs verticaux analogues à ceux que nous avons décrits dans la première machine et portant à leur circonférence les mêmes fers.

Cette machine, plus simple que la machine verticale, nous paraît préférable. On remarquera l'usage que nous rencontrons pour la première fois des roues elliptiques ou fraises disposées de façon à ce que les lames ou dents de scies soient, par l'inclinaison des disques, disposées en hélices et placées à la surface d'un même cylindre.

Les avantages de cette disposition que nous rencontrerons dans une machine récente sont grands. Elle permet en effet d'éviter les chocs, l'outil étant toujours en prise avec le bois et sur une faible surface.

Les expositions vont désormais nous permettre de constater les progrès successivement accomplis.

L'une des machines les plus remarquables qui fut présentée à l'Exposition de Londres en 1851 fut la machine dite américaine de M. Woodbury, de Boston. Elle offre, en effet, un type important de la classe des machines à travailler le bois dans laquelle l'outil est *absolument* fixe, tandis que le bois est animé d'un mouvement rectiligne.

Le bâti de cette machine se compose de deux parties : l'une, inférieure et fixe; l'autre, supérieure et mobile. La partie inférieure est composée de deux flasques verticales sur lesquelles reposent : 1° l'arbre horizontal portant la poulie de commande et un pignon engrenant avec une roue sur l'axe de laquelle est fixé un tambour porte-chaîne. Vers l'extrémité du bâti se trouve un second tambour porte-chaîne de même diamètre que le premier et recevant le mouvement du moteur à l'aide de la chaîne sans fin allant du premier tambour au second. L'arbre de ce dernier tambour porte un pignon engrenant avec une roue dentée dont l'arbre placé tout à fait vers l'extrémité du bâti porte un grand tambour porte-chaîne communiquant le mouvement de rotation à un second tambour de même diamètre que le premier à l'aide d'une chaîne sans fin ayant la même largeur que celle du bâti et formant le tablier mobile de la machine. C'est sur ce tablier qu'est placée la pièce à raboter, qu'il entraîne dans son mouvement.

La partie supérieure est, ainsi que nous l'avons dit, mobile et peut recevoir un mouvement ascendant ou descendant, suivant l'épaisseur des planches, à l'aide de quatre excentriques sur lesquels elle repose. Cette manœuvre se fait par l'intermédiaire de deux vis sans fin, placées longitudinalement de chaque côté du bâti, engrenant avec des pignons portés par les arbres transversaux des excentriques. A l'une de leurs extrémités, ces vis portent des roues d'angle engrenant avec des roues semblables dont les arbres transversaux reposent sur la partie du bâti qui est fixe et portent des volants-manivelles mus à la main.

La partie mobile du bâti porte un troisième petit bâti destiné à soutenir deux cylindres cannelés dont les poids sont calculés pour déterminer une adhérence suffisante de la planche sur le tablier de la machine tout en évitant l'écrasement. L'assemblage des deux derniers bâtis est fait de façon à ce que les cylindres puissent s'élever ou s'abaisser un peu suivant les inégalités que présente une même planche et les paliers de ces cylindres sont à coulisses.

Les outils sont des lames de rabot ordinaires ayant toute la largeur du bâti et montées sur des traverses à surfaces inclinées. Elles sont au nombre de huit, enlevant des épaisseurs de bois de plus en plus grandes. Un coin placé à chaque extrémité des rabots et manœuvré à l'aide d'un écrou et d'une vis dont la tête est un volant-manivelle, permet de régler chaque rabot séparément.

Entre chaque porte-rabots et le suivant sont placées des traverses, pressant sur la planche, et fixées au bâti mobile à l'aide de boulons. Leur pression est réglée par des ressorts à boudin placés autour de la partie non filetée de chaque boulon.

Cette machine valait en 1851, 360 livres sterling, et nous pensons que ce prix élevé n'était pas le seul inconvénient qu'elle présentât.

La transmission de mouvement employée pour faire avancer le tablier de la machine devait en effet absorber une force motrice considérable ; la fixité des rabots devait avoir le même résultat, de sorte que l'on pourrait appliquer aux machines à bois de ce système le jugement prononcé par Poncelet lors de sa visite à l'Exposition de Londres de 1851 sur les machines à travailler le fer.

Ce savant pensait qu'il n'y avait pas lieu de préférer les raboteuses anglaises à outil fixe aux raboteuses françaises à outil mobile lorsque les pièces à raboter étaient d'un certain poids.

On remarqua à la même exposition une machine de M. Sautreuil, destinée à raboter sur quatre faces les bordages de navires. Les outils analogues à ceux déjà décrits dans les machines de ce constructeur étaient au nombre de quatre, dont deux latéraux.

Enfin, une série de machines à travailler le bois était exposée par M. Furness de Liverpool. La machine à raboter avait quelque analogie avec la machine à raboter verticale de M. Burnett. L'outil employé était, en effet, un cercle raboteur armé à sa circonférence de fers courbes ou gouges et de fers plats. Seulement au lieu d'être vertical, le disque portant les fers était horizontal. Nous n'insisterons pas sur cette machine puisque nous en avons examiné une du même genre.

Les machines exposées en 1855 rentrent plus ou moins dans les types que nous avons passés en revue jusqu'ici, à l'exception cependant de celles construites par l'usine de Graffenstaden près Strasbourg. Cette usine, depuis longtemps connue par ses machines à travailler le fer, avait envoyé à cette Exposition une série de machines à travailler le bois.

On est frappé, en examinant ces machines, de leurs formes analogues à celles des machines à travailler le fer.

La machine à raboter et destinée en même temps à araser les tenons est semblable à une machine à raboter le fer, dans laquelle l'outil serait fixe. Elle se compose de deux bâtis d'inégale hauteur et perpendiculaires entre eux. Sur le bâti le moins élevé sont placés le porte-outil et la scie circulaire qui sert à araser les tenons. Deux poupées portant, la première deux porte-outils placés l'un au-dessus de l'autre, et la seconde servant de porte-scie, peuvent glisser dans des rainures pratiquées dans le bâti, et recevoir, par l'intermédiaire de vis à manivelles, un mouvement d'avancement et de recul perpendiculaire à l'axe du second bâti. Les porte-outils glissent verticalement sur la première poupée à l'aide d'une vis verticale à manivelle et peuvent ainsi se rapprocher ou s'écarter l'un de l'autre. Ils sont donc susceptibles de prendre deux mouvements rectilignes dans le même plan vertical perpendiculaire à l'axe du second bâti : l'un de ces mouvements est horizontal et varie avec les largeurs des planches ; l'autre, qui est vertical, varie avec leur épaisseur.

Le second bâti, d'équerre avec le premier, porte deux rainures triangulaires dans lesquelles s'engage un chariot portant la planche et recevant horizontalement un mouvement rectiligne alternatif à l'aide d'une chaîne dont les extrémités sont fixées à celles du chariot et dont les brins, après s'être croisés, vont s'enrouler sur deux poulies. La plus grande de ces poulies tourne tantôt dans un sens, tantôt dans l'autre, par l'intermédiaire d'un débrayage mis en jeu à chaque course du chariot, et qui, par une fourchette, déplace la courroie motrice de la poulie folle sur l'une ou sur l'autre des poulies placées près d'elle[1]. La vitesse du chariot est en outre plus grande quand l'outil ne travaille pas que lorsqu'il travaille.

Les outils sont des rabots rotatifs analogues à ceux que nous avons décrits dans les machines précédentes.

En nous fondant sur les observations que nous ont fournies les machines précédemment étudiées, nous pensons que la raboteuse que nous venons de décrire devait être inférieure comme production aux machines à travail continu dont M. Sautreuil est l'inventeur.

A l'époque où nous sommes arrivés, l'industrie des machines à bois est parvenue à son état de *régime*, s'il nous est permis de parler ainsi.

Le but que nous nous proposions d'obtenir par notre aperçu historique est donc atteint, et il serait inutile, autant qu'impossible, vu notre cadre, de le pousser jusqu'à ces dernières années.

Nous allons donc aborder l'examen des machines à travailler le bois faisant partie de l'Exposition de 1867.

L'application de la main-d'œuvre mécanique à la menuiserie du bâtiment et même à l'ébénisterie, est un des progrès les plus remarquables que nous révèle l'Exposition actuelle. Parmi les machines exposées, nous avons remarqué tout d'abord la série de celles qui s'appliquent à la menuiserie du bâtiment et nous regardons comme les plus parfaites en ce genre celles de la maison V. Fréret et Cie, de Fécamp (Seine-Inférieure).

Comme elles constituent un ensemble complet à l'aide duquel tout travail à la main est supprimé, nous en donnerons la description succincte.

Mais, comme l'étude de semblables machines est surtout intéressante quand elle est faite dans l'atelier même où ces machines travaillent, nous ne nous sommes pas contentés de l'examen de celles que la maison Fréret a exposées; nous avons visité l'établissement de Fécamp, afin de nous renseigner tout à la fois et sur l'organisation d'une semblable fabrication et sur la production normale qu'elle permet d'atteindre.

Situé sur le port même de débarquement, à proximité d'une voie du chemin de fer de l'Ouest, qui, dans quelques mois le traversera dans toute sa longueur, l'établissement de menuiserie de M. V. Fréret a une position exceptionnelle sous le rapport de la facilité des approvisionnements et des expéditions. Les sapins du Nord et ceux du Canada, les chênes de Stettin et ceux d'Amérique, les bois du pays enfin arrivent à l'usine par la mer et par le chemin de fer. Aussi les relations commerciales de cette maison sont-elles très-étendues.

L'ensemble de l'usine occupe une surface de 4000 mètres carrés, dont les trois quarts sont recouverts par les magasins et les ateliers de fabrication et de montage. Le grand bâtiment qui renferme tout l'outillage a 75 mètres de longueur sur 18 de largeur. Le rez-de-chaussée est occupé par les machines de la scierie. Nous y avons remarqué l'absence complète de courroies et de transmis-

1. Cette disposition de débrayage et d'embrayage s'emploie généralement dans les machines à raboter le fer ; c'est pourquoi nous n'insistons pas.

sions de mouvement apparentes, si embarrassantes et si dangereuses pour les ouvriers et dont les scieries mécaniques sont généralement encombrées.

Tous les arbres de transmission sont établis dans une cave spacieuse et très-claire; de là, une grande sécurité pour les ouvriers; c'est une disposition digne d'être signalée et qui devrait toujours être imitée dans les établissements analogues. Les arbres sont supportés par des paliers à graissage continu; ce graissage évite une surveillance permanente et permet de donner aux arbres une très-grande vitesse, 700 à 800 tours par minute.

L'ensemble des machines qui occupent le rez-de-chaussée (scies à chariot, à cylindres, à grume et circulaires), ne diffère pas sensiblement, à première vue, de ce qui existe dans les autres usines; cependant nous devons signaler une disposition nouvelle de la bielle qui commande les scies à mouvement alternatif; dans cette disposition, le plateau excentrique est tout à fait rapproché du palier; il en résulte la possibilité de donner au chariot une vitesse supérieure d'un tiers à celle qu'on lui donne ordinairement, et la machine présente, en outre, une solidité qui n'existe pas dans la disposition usuelle.

Les scies à cylindres, montées d'après le même principe, ont, de plus que les autres, un châssis porte-lames qui peut en recevoir quatre ou cinq, et scier un madrier à plusieurs *traits* en une seule passe.

La production de ces machines est très-grande et varie de 500 à 600 mètres superficiels de sciage par jour pour les scies à chariot, et de 700 à 800 mètres superficiels pour les scies à cylindres, suivant le nombre de *traits*.

Au rez-de-chaussée se trouvent, en outre, trois machines à blanchir, quatre machines à bouveter, six scies circulaires et une scie à bois en grume

L'affûtage des scies se fait au moyen de meules garnies d'émeri.

En quittant les scies verticales, les planches destinées à faire des *frises* de parquet sont portées à une scie circulaire où elles sont débitées en lames et déposées ensuite près de la machine qui doit les travailler sur les quatre faces.

La production de cette machine à *quatre faces* est considérable; nous avons constaté un avancement de 10 mètres par minute, en sorte que si elle ne subissait aucun temps d'arrêt, sa production serait de 6000 mètres courant par dix heures de travail; mais le constructeur (M. V. Fréret) garantit seulement une production de 4000 mètres, chiffre presque égal au double de la production des machines similaires que nous connaissons, et qui n'est nullement obtenu aux dépens de la qualité de travail.

Le bois, au lieu de se présenter à plat sur une série de rouleaux, ainsi que cela a lieu dans les machines des autres constructeurs, est posé sur champ et est appuyé contre un guide vertical parfaitement dressé. Une série de presses bien agencées l'appellent contre ce guide et sur la table, et le conduisent d'abord sous le premier outil à blanchir. Cet outil tourne verticalement et dresse l'un des plats de la pièce. La disposition d'outil vertical a l'avantage d'éviter les ondulations qui se produisent à la surface du bois dans les machines où les outils qui dressent les plats sont montés sur des arbres horizontaux. L'outil horizontal tend toujours à se soulever, tandis que l'outil vertical, monté sur pointes, *dort* en quelque sorte comme une *toupie*. Il est donc rationnel de monter sur un axe vertical les deux outils qui doivent dresser les deux faces les plus larges de la pièce.

Les porte-outils verticaux sont parfaitement équilibrés et sont munis chacun de trois *fers*; ils sont animés d'une vitesse de 3500 tours par minute, ce qui donne, pour une vitesse d'avancement de 10 mètres par minute, plus de dix coups d'outil par centimètre. Le bois, ainsi blanchi, passe contre un autre guide qui se trouve avancé sur le premier d'une quantité égale à l'épaisseur de bois que le premier outil a enlevée. En cet endroit le bois est *langueté* et *rainé* sur ses *champs* par deux outils montés sur des arbres horizontaux, à la suite desquels la table se surélève d'une quantité égale à l'épaisseur de bois enlevée par l'outil inférieur. La pièce, toujours dirigée en ligne droite, est enfin amenée contre le quatrième outil à blanchir, monté comme le premier sur un axe vertical; ce dernier outil met la pièce d'*épaisseur*.

Cette machine blanchit et dresse en même temps; elle se distingue donc des autres machines du même genre qui ne font que blanchir; aussi se prête-t-elle à toute espèce de travaux: moulures dites *à grands cadres, battants* et *dormants* de portes et de croisées, *chambranles, plinthes, jets d'eau, pièces d'appui en chêne*, qui y sont exécutés avec une perfection telle que toute retouche à la main est inutile.

M. V. Fréret a sur d'autres constructeurs l'avantage de se servir lui-même des machines qu'il construit; cette condition lui a permis de les améliorer peu à peu et d'en généraliser l'emploi, en raison de la grande variété du travail à faire.

Le seul reproche qui puisse être adressé à ces machines c'est leur prix élevé relativement aux machines similaires; mais c'est le cas de dire ici que *le bon marché est cher;* car vouloir faire une machine à bois trop légère, c'est s'assurer d'avance un mauvais résultat. Les machines légères marchent assez bien quand elles sont neuves; mais en peu de temps leurs organes mobiles s'usent; ces machines coûtent alors en réparation beaucoup plus qu'une machine robuste et finalement produisent un mauvais travail qui les fait abandonner.

Au premier étage, se trouve toute une série de machines spéciales à la menuiserie. Les bois y sont élevés par un monte-charge mécanique qui dessert également le sous-sol et le second étage.

Nous y avons d'abord remarqué une machine à dresser les bois, qui peut dresser un battant de 4 mètres de longueur et moulurer en même temps. Cette machine travaille deux battants à la fois, et elle est spécialement disposée pour les pièces qui exigent une grande précision et pour celles qui sont trop tourmentées pour être *poussées* en une seule fois à la machine à quatre faces.

On fixe les bois sur une table parfaitement dressée, qui avance dans deux coulisses comme le chariot d'une machine à raboter le fer. Chaque pièce de bois rencontre un outil qui n'enlève que la partie de bois qu'on lui donne à couper, en laissant des défauts là où il *manque* du bois et en enlevant, au contraire, toutes les bosses qui se présentent. Le résultat obtenu est donc exactement le même que dans le travail à la main; mais il est obtenu avec une rapidité beaucoup plus grande et une précision plus parfaite. A l'aide de machines plus petites, basées sur le même principe, on confectionne des traverses, des jets d'eau et de petits bois.

En quittant les machines à dresser, les bois, qui ont alors deux de leurs faces parfaitement *d'équerre*, sont passés à une autre machine qui les met d'épaisseur et de largeur sans qu'il soit besoin de les fixer sur une table; cette machine à blanchir et à moulurer est un complément de la précédente, et le travail qu'elle effectue est analogue à celui de la machine à *quatre faces*.

Les bois ainsi travaillés sur les quatre faces, sont ensuite coupés de longueur à une scie dite *de travers*, puis répartis entre deux machines l'une à *tenons* et l'autre à *mortaises*, selon que ces bois doivent faire fonction de traverses ou de battants.

Les deux machines présentent, au point de vue des outils, des dispositions tout à fait nouvelles.

La machine à tenons en fait deux à la fois, cela permet d'obtenir des *arasements* parfaitement *justes*. L'ouvrier n'a qu'à placer les traverses sur une chaîne *sans fin* qui les entraîne sous des pinces se serrant d'elles-mêmes et les fait passer entre deux outils qui les arasent. A mesure qu'une traverse se présente à l'action des outils, une autre tombe toute travaillée du côté opposé de la machine. On peut ainsi faire 400 tenons en une heure.

La machine à *mortaises* en pratique cinq à la fois. On place sur une table horizontale le battant à mortaiser ; il y est maintenu par un parallélogramme, et, par un simple mouvement de la main, la table s'avance contre cinq *forêts* qui tournent à une vitesse de 3000 tours par minute et possèdent en même temps un mouvement de va-et-vient réglé d'après la largeur que doit avoir chaque mortaise. Quand les outils sont *à fond*, la table s'arrête d'elle-même et l'on remplace le battant mortaisé par un nouveau.

Par tout ce que nous avons dit jusqu'à présent, on voit que les machines de M. Victor Fréret n'exigent pas d'ouvriers spéciaux; un simple manœuvre suffit pour les conduire.

Avant de livrer les bois au montage, il reste, comme dernière opération, à pratiquer les *coupes d'onglets*, opération difficile et qui demande beaucoup de soin quand elle s'exécute à la main.

La machine de M. V. Fréret permet de faire cette opération rapidement et avec une grande précision : sur un châssis de 3 mètres sont montés des couteaux en nombre suffisant pour faire en une seule fois toutes les coupes d'un battant, pendant qu'à chaque extrémité deux autres couteaux font les coupes et les épaulements des traverses. Le châssis porte-outil bat 50 coups par minute.

Nous avons encore à signaler une machine très-ingénieuse : c'est celle qui fait les entailles biaises dans les battants de persiennes; après chaque entaille, le battant rencontre une mèche qui perce le trou du tourillon de la lame. Une disposition très-commode permet de faire varier, suivant les besoins, l'inclinaison du battant et l'écartement des lames. Une fois réglée, la machine ne peut se déranger et un enfant suffit pour la conduire.

A la nomenclature précédente, nous devons ajouter : 1° une machine à araser les lames de persiennes, on place 50 lames à la fois dans une boîte et le tourillon se trouve fait en une seule passe ; 2° une machine qui *pousse* les plates-bandes des panneaux de portes sur les deux parements à la fois, elle pratique aussi les rainures et les feuillures des panneaux à table saillante ou arasés; 3° une machine qui affleure les panneaux arasés quand la porte est toute montée et chevillée.

Au second étage se trouvent les outils à découper, à propos desquels nous n'avons rien de particulier à signaler. Notre attention à été attirée par le grand choix de modèles élégants et variés que ces machines produisent. Il s'en trouve de tous les genres et de tous les prix, depuis le lambrequin à 50 centimes le mètre jusqu'au balustre de 18 à 20 francs.

Nous ne pourrions entrer ici dans le détail de toutes les opérations multiples auxquelles se prêtent les machines dont nous venons de parler; l'espace dont nous disposons et que nous devons partager entre toutes les maisons remarquables dans cette industrie, nous oblige à ne donner qu'une description sommaire, qu'au reste nous regardons comme suffisante.

Les ateliers de montage sont de plain-pied avec ceux de fabrication. Les bois préparés mécaniquement sont travaillés avec une précision telle qu'ils s'emmanchent avec facilité. Un ouvrier ordinaire peut les assembler sans peine et les ouvriers habiles se trouvent dès lors réservés à des travaux plus délicats.

La durée et la solidité des ouvrages de menuiserie dépendent non-seulement de la perfection du travail, mais aussi de l'état de dessiccation des bois; les meilleures dispositions sont prises à cet égard dans l'établissement que nous venons de décrire rapidement.

Il ne nous reste plus maintenant qu'à donner avec les dessins une légende explicative sommaire de l'une des machines de MM. Fréret et Cie.

Machines à blanchir et dresser sur les quatre faces. (Planche 88.)

LÉGENDE EXPLICATIVE.

A. — Pièce de bois à dresser, posée sur champ.

B. — Guide fixe, placé vis-à-vis du premier porte-outils vertical Q, et contre lequel la pièce A est appelée à l'aide des rouleaux de pression JJ_1.

M. — Levier servant à appuyer le cylindre d'appel J pour obtenir l'avancement de la pièce de bois A.

Les deux cylindres d'appel ont un mouvement en sens contraire l'un de l'autre à l'aide de quatre engrenages cylindriques qui se voient sur la figure 3.

P.— Porte-outils vertical à trois lames, représenté en détails par les figures 4 et 5. Ce porte-outils tourne sur pointes et dresse la pièce de bois sur l'une de ses faces verticales.

E. — Rouleau de pression placé immédiatement à la suite du porte-outils P. Ce rouleau, monté sur un levier muni d'un contre-poids, appuie la pièce de bois contre le guide B.

R, S. — Porte-outils horizontaux qui agissent, l'un sur le dessus, l'autre sur le dessous de la pièce, et font la rainure et languette opposée quand il s'agit de dresser les frises de parquet.

Les axes de ces porte-outils peuvent être abaissés ou élevés à l'aide d'un mouvement de relevage parallèle obtenu au moyen de vis verticales de rappel.

Les paliers des axes de ces porte-outils sont des paliers à graissage continu et à réglage en tous sens.

La partie de la table horizontale qui fait suite aux porte-outils R et S est surélevée par rapport à la partie qui les précède d'une quantité égale à l'épaisseur de bois enlevée par le porte-outils inférieur S.

Le guide B se continue jusqu'au porte-outils vertical Q, placé du côté opposé au porte-outils P.

La pièce de bois est maintenue appuyée contre ce guide et sur la table par des rouleaux de pression munis de contre-poids.

Q. — Porte-outils vertical identique à l'autre, et qui dresse la pièce A sur la face opposée. Il tourne aussi sur pointes et sert à mettre la pièce d'épaisseur. A cet effet, on règle sa position à l'aide du volant-manivelle *d*, dont l'axe *a b* porte deux pignons d'angle qui engrènent avec deux autres pignons montés sur deux vis de rappel qui agissent sur les deux crapaudines du haut et du bas de l'arbre porte-outils.

I_1 et I_2. — Rouleaux d'appel qui servent comme les deux autres à faire avancer la pièce de bois.

Toute la machine est montée sur un bâti vertical en fonte dont la semelle inférieure repose dans la fosse où est logée la transmission de mouvement. On remarquera que l'accès du porte-outils inférieur S est rendu très-facile par des évidements latéraux ménagés dans le bâti. C'est l'une des particularités qui distinguent cette excellente machine.

M. Sautrenil, de Fécamp, dont nous avons mentionné les travaux dans notre étude historique sur les machines à raboter, a exposé quatre de ces machines. Nous ne décrirons ici que l'une de ses machines raboteuses, celle qui fait à la fois les moulures sur une face et sur les côtés, opérations que chacune des trois autres machines fait séparément[1] à l'aide d'organes moins nombreux, mais identiques pour les travaux analogues. La machine à faire les moulures *sur une face et sur les côtés* se compose de deux fermes verticales réunies par des entretoises horizontales venues de fonte avec elles, et par deux boulons placés à leurs parties inférieures. Ces deux fermes portent en outre, vers leur milieu, deux fermes plus petites, une de chaque côté, formant un bâti vertical placé sur le premier et destiné entre autres choses à porter le porte-outils.

A sa partie antérieure, par laquelle entre la planche supérieure qui *doit* être rabotée, le bâti porte une vis mobile dans un écrou fixe sur la dernière des entretoises supérieures réunissant les deux fermes. La tête de cette vis porte un volant-manivelle qui, mu à la main, détermine, par le mouvement de la vis, l'élèvement ou l'abaissement d'un rouleau lisse horizontal sur lequel glisse la planche à raboter. Le bâti porte un premier arbre horizontal à l'une des extrémités duquel sont placées les poulies de commande ; à l'autre extrémité de cet arbre est placée une poulie qui, par courroie, transmet le mouvement à un arbre portant le rabot principal destiné à raboter la partie supérieure de la planche. Enfin, ce même arbre porte en son milieu les poulies qui transmettent le mouvement aux bobines placées sous les arbres verticaux portant les toupies[2] qui doivent faire les moulures verticales.

Une poulie placée sur le premier arbre, près des poulies de commande, imprime le mouvement de rotation à une autre poulie placée à l'extrémité d'un second arbre parallèle au premier, et qui porte à son autre extrémité à droite[3] une roue d'angle engrenant avec une roue semblable dont l'axe est, en outre, celui d'une vis sans fin. Cette dernière engrène avec un pignon porté par un troisième arbre parallèle aux deux autres. Ce troisième arbre porte en son milieu un cylindre cannelé sur lequel passe la planche à raboter. A son extrémité, à gauche, le même arbre porte un pignon engrenant avec une série de roues dentées qui, en communiquant leur mouvement à l'arbre horizontal dont les paliers sont placés sur le bâti vertical sur lequel est fixé un second cylindre cannelé, ont pour effet de donner à ce dernier la vitesse convenable à l'avancement de la planche. Ce second cylindre cannelé, *sous lequel* passe le bois, est le cylindre de pression dont on détermine l'intensité par une romaine à deux branches traversées par l'arbre du cylindre.

Depuis la partie postérieure jusqu'en son milieu, le bâti porte une table horizontale sur laquelle sont placés :

1° D'un côté, une règle en fer à coulisse qu'on fait avancer ou rouler transversalement suivant la largeur de la planche, et qu'on fixe ensuite à l'aide d'un écrou ; de l'autre côté, un ressort recourbé pressant sur le côté de la planche, et

1. Cette diversité de machines, faisant séparément les opérations qu'une seule machine peut faire à la fois, est souvent commandée par l'inexpérience des ouvriers d'un atelier de menuiserie dans la conduite des machines. Il vaut mieux, dans ce cas, faire passer la pièce à travailler par diverses machines que par une seule nécessairement plus compliquée que les premières.

2. La construction et les usages de la toupie sont indiqués à la page 2 à laquelle nous renvoyons le lecteur qui voudrait dès à présent s'en rendre compte.

3. Nous supposons le lecteur placé à la partie antérieure de la machine, la face tournée vers la partie postérieure.

dont la tige glisse dans un anneau qui sert à régler le ressort d'après la largeur de la planche à raboter. Des indices en cuivre indiquent la quantité dont la règle et le ressort doivent être rapprochés ou éloignés suivant cette largeur.

2° Un levier coudé dont l'une des branches, chargée d'un poids, reçoit un morceau de bois présentant en creux le profil des moulures de la planche et dont la seconde branche est fixée au bâti. Ce levier détermine l'adhérence de la planche sur le bâti, après qu'elle a été rabotée.

Le bâti vertical que porte le premier bâti horizontal sert de support aux organes suivants :

1° Aux paliers de l'arbre horizontal qui porte le rabot travaillant la planche sur le plat

2° A l'arbre du cylindre cannelé sous lequel passe la planche et qui traverse, ainsi que nous l'avons dit plus haut, les deux branches du levier coudé tenant lieu de romaine. Les plus courtes de ces branches sont fixées au bâti vertical à l'aide d'un boulon autour duquel elles peuvent tourner.

3° A sa partie supérieure, un arbre horizontal, qu'on fait tourner à l'aide d'une manette; cet arbre est fileté à ses deux extrémités et engrène avec deux pignons formant les têtes de deux vis verticales fixes tournant dans des collets venus de fonte avec le bâti et dans des écrous taraudés dans le support du porte-outil. Ce support en fonte glisse sur le bâti vertical, de sorte qu'en tournant la manette on détermine l'élévation ou l'abaissement du porte-outil suivant les épaisseurs de bois à ouvrer.

4° Un arbre horizontal, également placé à sa partie supérieure, portant à son extrémité une manette qui, en tournant, détermine l'enroulement d'une chaîne dont l'extrémité est fixée au levier portant le poids qui transmet la pression au cylindre cannelé supérieur. En tournant cette seconde manette dans le sens voulu, on soulève ou abaisse le cylindre de pression.

Outils. Les lames du rabot horizontal sont placées sur les faces d'un prisme quadrangulaire et n'ont aucune courbure, ce qui rend l'affûtage extrêmement facile. Pour éviter le choc très-sensible qui résulterait de l'attaque du bois sur toute sa largeur, les lames peuvent être disposées une par une sur chaque face du porte-outil, de façon à ce que leurs projections horizontales occupent toute la largeur de la planche.

Les toupies qui doivent faire les moulures latérales peuvent s'écarter ou se rapprocher suivant les largeurs de la planche; de même qu'elles peuvent s'élever ou s'abaisser à l'aide de volants à main faisant mouvoir des vis.

Il va sans dire que cette machine peut, en changeant les fers, blanchir, faire des moulures sur le plat, et, latéralement, des rainures et languettes, etc.

Si le lecteur veut bien se rappeler la description que nous avons faite des machines construites dès 1838 par M. Sautreuil, il remarquera que la machine exposée par ce constructeur n'offre rien qui n'ait été présenté par lui à cette époque. Les organes sont seulement plus forts, mieux traités encore que ceux de la machine que nous avons citée dans notre étude historique. En somme, cette machine offre un type spécial dont M. Sautreuil est peut-être le créateur, mais auquel il n'a rien changé depuis son apparition. La machine exposée peut raboter 0m,10 d'épaisseur sur 0m,30 de largeur.

Grâce aux mesures prises pour l'aménagement des produits exposés, nous sommes obligés d'inviter le lecteur à nous suivre de la classe 54 à la classe 58, pour continuer notre examen des machines similaires.

MM. Arbey et Cie ont exposé dans cette classe une machine à raboter dont le système, connu déjà, mais des plus récents, a été inventé par M. Mareschal.

Cette machine, dont l'outil présente une innovation bien tranchée dans l'industrie du travail du bois, demande à être étudiée d'une manière spéciale aussi bien sous le rapport de son agencement que sous celui de sa production.

L'expérience avait prouvé dès l'origine que l'emploi des fers venant successivement attaquer le bois, donnait lieu à des chocs répétés absorbant une grande quantité de force. Ces chocs occasionnaient en outre d'assez fortes trépidations nuisibles au rabotage du bois, et pouvant à la longue empêcher le fonctionnement des organes de la machine. Il était facile d'éviter ce dernier mouvement qui a disparu dans toutes les machines de ce système ; mais la perte de force due aux chocs inhérents à l'usage des fers droits ne pouvait disparaître qu'avec ces derniers. On disposa alors des lames inclinées en hélice sur le porte-outil ; c'était un acheminement vers le système plus complet inventé par M. Mareschal : la lame à surface hélicoïdale. Dans les machines de ce dernier système, il n'y a jamais qu'une petite partie de la lame en contact avec le bois, $0^{m},02$ environ ; l'outil est toujours en prise avec la pièce à travailler et les chocs sont à peu près supprimés. Comme toutes les machines à chariot, la machine construite par M. Arbey peut aussi servir à blanchir les bois en transformant le chariot en table fixe. L'amenage se fait à l'aide de cylindres cannelés.

Nous profiterons de l'occasion qui se présente à nous de bien établir la différence qui existe entre les machines à amenage continu par cylindres cannelés ou tout autre moyen et les machines à chariot. Celles-ci sont destinées à dégauchir et dresser les pièces, ce qui ne peut être obtenu qu'à l'aide d'une table parfaitement dressée formant chariot en sorte que l'avancement longitudinal se fasse toujours dans le même plan. Les machines à amenage continu, dans lesquelles le bois est animé d'un mouvement rectiligne, ne sont propres qu'à blanchir. L'enlèvement des inégalités que présente la planche constitue bien un dressage partiel tout à fait suffisant pour faire du parquet par exemple, mais dont on ne saurait se contenter pour faire des assemblages tels qu'ils se présentent dans les charpentes et la menuiserie. Cependant, si l'on dresse préalablement l'une des faces de la pièce à travailler, cette face pouvant s'appliquer exactement sur la table, on peut dégauchir ou tirer d'épaisseur toutes les autres faces à l'aide de la machine à amenage continu.

Le bâti de la machine exposée par M. Arbey se compose de deux flasques verticales ou longerons A, A' (fig. 1, 2 et 3, planche 87) réunis par des entretoises *a*, et de deux montants verticaux B, B' supportés par les fermes et venus de fonte avec elles. Ces montants reçoivent les supports F, F' du porte-outil, supports qui glissent verticalement dans les rainures ou fenêtres pratiquées dans lesdits montants. Ces derniers sont maintenus à l'aide des entre-toises *b*, *b'*, qui empêchent leur écartement tout en étant destinées à remplir un autre office, ainsi que nous le verrons plus loin. Sur les supports F, F', sont placés les paliers de l'arbre du porte-outil ainsi que les cylindres E, E', dont l'un E est cannelé et l'autre lisse. Les pressions de ces cylindres sont réglées à l'aide de ressorts à boudin qu'on comprime plus ou moins par des écrous. Le support de gauche (fig. 3 et 4) porte, en outre, les pignons *e*, et e^2, ce dernier placé sur l'arbre du cylindre cannelé, et destiné à lui transmettre le mouvement de rotation par l'intermédiaire d'une chaîne de Galle *e'*. L'arbre D' du porte-outil porte à l'une de ses extrémités la seule poulie de commande L qu'il y ait pour toute la machine ainsi que la poulie L' qui sert, par l'intermédiaire d'un poids G', à faire tourner le porte-outil lorsqu'on doit affûter les lames. L'autre extrémité de l'arbre D' porte une vis sans fin P engrenant avec une roue O' dont le moyeu est muni d'une rainure, tandis que l'arbre O porte une languette. La roue peut, de cette manière, monter ou descendre le long de cet arbre O sans cesser de le

faire tourner. La roue O' repose sur la chaise P' fixée elle-même au support F''; en sorte que ce dernier entraîne dans son mouvement ascendant l'arbre D', les pignons e, e^2, les rouleaux E, E', la chaise P' et la roue O'. Le mouvement vertical des supports de l'arbre D' s'obtient à l'aide de deux vis verticales f, f' pour chacun d'eux. Chaque vis est terminée à ses extrémités par des roues d'angle g, g' engrenant avec les roues h, h' portées : la roue h, par l'arbre i, la roue h' par l'arbre i' placé de l'autre côté du bâti qui porte des consoles L, destinées à servir de tourillons aux arbres i, i. Ces derniers portent en outre les roues d'angle I, I', engrenant avec les pignons d'angles i'' portés par l'arbre J. Celui-ci porte les roues j, engrenant avec les roues j' portées par l'arbre j'. Cet arbre est muni à son extrémité de gauche d'une manette ou manivelle que l'ouvrier fait mouvoir jusqu'à ce qu'il ait placé le porte-outil à la hauteur voulue par l'épaisseur du bois. Un indice en cuivre placé sur le montant B le guide dans cette opération. Tels sont les organes qui président aux mouvements du porte-outil. Le bâti A porte un chariot G, ou table mobile, sur lequel on place le bois à dresser.

La commande se transmet de l'arbre D' du porte-outil à l'arbre M, qui donne au chariot son mouvement rectiligne alternatif par l'intermédiaire de la vis sans fin P, de la roue O', de l'arbre O, des pignons d'angles n' et n, dont le dernier n est placé sur l'arbre M' qui porte en outre le pignon droit N' engrenant avec la roue N montée sur l'arbre M dont les paliers sont m et m'. La table mobile reçoit son mouvement de va-et-vient à l'aide d'une chaîne de Galle H, H, dont les extrémités vont s'attacher aux deux bouts du chariot. La chaîne H s'enroule, à cet effet, sur une roue à denture double dont les dents reçoivent les maillons. (fig. 3. Pl. 87). Après s'être appliquée sur la denture placée à gauche, la chaîne descend dans une fosse où elle se replie pour recevoir une poulie H' portant un poids ; elle se relève ensuite, vient s'enrouler sur la partie antérieure de la denture de droite et va enfin se fixer à l'extrémité postérieure du chariot. Lorsque le sens de rotation de l'arbre M détermine, par l'engrènement de la denture de gauche avec le brin H, l'avancement du chariot dans le sens de la flèche (fig. 1. Pl. 87), le brin H est tendu et le brin H' devient lâche, le poids restant toujours à la même hauteur ; l'inverse a lieu lorsque le mouvement du chariot change de sens. De cette manière, l'engrènement des brins de la chaîne est assuré quel que soit le sens du mouvement.

L'aller et le retour sont obtenus à l'aide de deux manchons de débrayage p, p' placés sur les arbres M et M'. La partie fixe du manchon p est fixée sur l'arbre M, et sa partie mobile placée sur un arbre concentrique au premier et qui porte la roue M^2 est embrassée par la fourchette du levier Q. Ce dernier s'articule à l'une de ses extrémités avec la traverse en fer méplat r et à l'autre extrémité avec les oreilles du manchon a' porté par l'entretoise a; ces oreilles lui servent de centre d'oscillation. Un second levier Q, dont la fourchette embrasse la partie mobile du manchon p', fixée sur l'arbre M', s'articule d'un côté avec l'extrémité de r, de l'autre côté avec le manchon porté par la seconde entretoise a'. La partie fixe du manchon p' est placée sur un arbre concentrique à l'arbre M', et porte le pignon m^2 engrenant avec les pignons du même diamètre m^2. Enfin, une roue horizontale montée sur un arbre vertical peut tourner avec cet arbre, et, en frappant dans son mouvement l'un ou l'autre des taquets montés sur la traverse r, embrayer le manchon p et *débrayer à la fois* le manchon p' ou inversement. Lorsque le manchon p est embrayé, la table mobile s'avance dans le sens de la flèche avec une vitesse trois fois plus petite que celle de l'arbre M', le pignon N' ayant un diamètre trois fois plus petit que celui de la roue N. Si, au contraire, c'est le manchon p' qui est embrayé et le manchon p débrayé, la commande arrive au chariot par l'intermédiaire des pignons de même diamètre b, et le retour s'effectue avec une vitesse trois fois plus grande que celle de l'aller. Enfin il est une position des manchons pour laquelle aucun d'eux n'est embrayé ; le chariot est alors immobile sur le bâti qui le porte.

Pour faire mouvoir la lame *t*, l'arbre vertical sur lequel elle est fixée porte une manivelle T s'articulant à la bielle R', laquelle s'adapte au bouton de la manivelle *r'* portée par l'arbre R. A l'extrémité de ce dernier se trouve placée la manivelle R^2 que l'ouvrier fait mouvoir en sens inverse à chaque changement du mouvement du chariot, et dont la position intermédiaire aux positions extrêmes correspond à l'immobilité du chariot. Mais, fort inutilement à notre avis, on ne s'est pas borné à rendre l'ouvrier maître des changements de sens du mouvement du chariot, on a voulu les rendre *automatiques*. Pour y parvenir, on a calé sur l'arbre R un secteur denté S^2 engrenant avec une crémaillère S', dont la tige S passe et glisse dans des anneaux fixés au bâti. La tige porte un heurtoir *s* qui est frappé, à chaque aller et retour de la table mobile, par deux taquets disposés d'après la longueur de course sur cette table.

Le mouvement circulaire alternatif de l'arbre R et par conséquent le mouvement rectiligne alternatif du chariot résultent de cet agencement.

Lorsqu'on veut seulement blanchir les planches, on fixe à l'aide d'une goupille la manivelle R^2 dans sa position intermédiaire. La chaîne de Galle *a*, qui s'enroule sur la roue dentée *q*, passe sur le pignon e^3 fixé au montant B et sur le pignon e^2 placé sur l'arbre du cylindre cannelé E, auquel elle imprime le mouvement de rotation nécessaire à l'avancement du bois, quelle que soit la position du porte-outil. Comme dans toutes les raboteuses à cylindres, la vitesse d'avancement du bois est la même que celle de la circonférence du cylindre cannelé.

Les griffes V commandées par des manettes X servent à fixer le bois. De plus, une disposition particulière désignée par les constructeurs sous le nom de boîte à caler et que nous ne décrirons pas ici, vu l'espace déjà consacré à cette machine, a pour but d'obtenir un dressage exact. Le chariot s'abaisse au retour pour éviter que le bois ne rencontre l'outil et reprend sa première position à la fin de sa course.

Ici se termine la description de tous les organes nécessaires au fonctionnement de la machine. Mais elle n'eût pas été complète si l'on n'avait trouvé moyen de remplacer l'affûtage à la main, presque impraticable ou du moins d'une longueur excessive, par un affûtage automatique. C'est ce qu'ont fait les constructeurs de cette machine, et c'est surtout dans les dispositions ingénieuses adoptées pour atteindre ce résultat que brille leur esprit inventif.

L'affûtage a lieu sur la machine elle-même au moyen d'une meule à émeri C' (fig. 5. Pl. 87) dont l'arbre est monté sur deux pointes. Ces pointes sont filetées et tournent dans les traverses C qui sont taraudées et forment chariot. Ce chariot est supporté par deux traverses *b*, *b'* placées à la partie supérieure des montants B, B', et qui lui servent de glissières.

L'arbre de la meule porte une poulie à gorge *c*, qui reçoit la commande d'un tambour placé sur l'arbre de la transmission. Il porte en outre une vis sans fin *c'* commandant la roue c^2 calée sur l'arbre C^2 placé, comme le premier, entre deux pointes. L'arbre C^2 porte une vis sans fin commandant une roue dentée montée sur un cylindre dans l'intérieur duquel est une fourche faisant l'office d'écrou. Cet écrou tourne dans deux pas de vis inverses pratiqués sur la traverse *b*. Il résulte de cette disposition que le chariot avance le long des traverses et que, lorsqu'il est arrivé au bout de sa course, il revient à sa première position en suivant le pas de vis inverse. La fourche dont nous avons parlé a pour but d'empêcher l'écrou de quitter l'un des pas de vis pour l'autre lorsqu'il arrive à leurs croisements.

Pour affûter on monte le porte-outil à l'aide des vis f et f' jusqu'à ce que l'une des lames soit en contact avec la partie inférieure de la meule, et l'on enroule la corde qui porte le poids G' sur la poulie L'.

La poulie c étant mise en mouvement, le chariot avance, tandis qu'un appendice C^3 qui le suit dans sa course force la lame hélicoïdale à s'appliquer sur la meule. Le poids G' concourt aussi à ce dernier résultat.

Le porte-outil fait environ 1700 tours par minute, et la vitesse d'avancement du bois est de 4 à 5m par minute lorsqu'on blanchit.

Cette machine présente, ainsi que nous l'avons dit, un grand avantage au point de vue de l'économie de la force motrice; son mécanisme est des plus ingénieux; il reste à savoir si ces habiles combinaisons mécaniques ont atteint un résultat pratique sans lequel elles ne sauraient avoir de valeur.

Nous constaterons tout d'abord une disposition mécanique vicieuse : l'emploi de vis conjuguées pour élever ou abaisser l'outil. Il n'arrive jamais, en effet, que les vis s'usent également de chaque côté; le parallélisme entre le chariot et le porte-outil ne peut plus dès lors être obtenu au bout d'un certain temps de service. Cet inconvénient, sans importance lorsqu'il s'agit de blanchir seulement les surfaces, si grave dans les machines à dresser, résulte toujours de l'emploi des vis conjuguées, quelles que soient les machines auxquelles on les applique.

L'influence de ce système se fait moins sentir dans les machines à travailler le fer; l'usure est alors moins rapide, puisque les changements de position du porte-outil sont bien moins fréquents que dans les machines à bois. Elle est en outre complétement atténuée par le soin que prend l'ouvrier, chaque fois qu'une nouvelle pièce est placée sur la machine, de s'assurer, à l'aide du niveau à bulle d'air, que l'outil et la pièce à travailler sont bien perpendiculaires l'une à l'autre.

De pareilles constatations ne sauraient évidemment être faites pour les machines à bois, sans diminuer considérablement leur production.

L'application aux machines à raboter le bois du changement automatique du mouvement du chariot est une complication inutile, et qui devait être évitée à tout prix dans une machine dont l'agencement est déjà si loin d'être simple. Les conditions dans lesquelles se trouvent les machines à bois ne sont plus en effet les mêmes que celles où sont placées les machines à travailler le fer. Pour celles-ci, le retour automatique du chariot est nécessaire, puisque l'outil doit dresser une même surface en plusieurs passes, et que l'on n'a pas, par conséquent, à changer ou retourner la pièce à chaque retour du chariot. Il n'en est plus de même pour les machines à bois. Car un petit nombre de passes suffit alors pour dresser une surface qui doit être remplacée par une autre à chaque changement de course du chariot.

Il faut donc, pour que l'ouvrier ait le temps d'opérer ce changement, le rendre maître du chariot, et faire en sorte que l'embrayage et le désembrayage correspondant à l'aller et au retour s'opèrent à la main.

Ce qui précède étant admis, l'ouvrier peut lui-même élever ou abaisser l'outil, ce qui rend inutile le système par lequel le chariot l'abaisse à son retour. Ce mouvement a d'ailleurs un assez mauvais résultat; c'est que le chariot ne reprend jamais, avant la nouvelle course, la position exacte qu'il occupait au commencement de la course précédente et de même sens. La régularité du dressage n'est donc pas assurée.

La position du chariot d'affûtage au-dessus de l'outil et sa proximité des organes qui servent à mettre celui-ci en mouvement donnent lieu à l'observation suivante.

La poudre d'émeri se répand partout, et doit amener la désorganisation de la machine. Or l'affûtage devant être mécanique à cause de la forme de la lame qui constitue la base de l'invention, forme pour laquelle l'affûtage à la main prend trop de temps, le dernier inconvénient signalé ne peut être évité; il est inhérent au système.

Si, après avoir examiné la machine sous le rapport *mécanique*, nous l'examinons sous le rapport *économique*, c'est-à-dire aux divers points de vue de la facilité de sa manœuvre, de sa production continue et de son prix, nous trouvons

1° Que l'affûtage ne pouvant se faire que sur la machine, celle-ci est condamnée au chômage inévitable toutes les fois que cette opération devient nécessaire, ce qui se présente fréquemment et dure un temps assez long. Pareil inconvénient n'existe pas avec les fers droits, car l'ouvrier a toujours une certaine quantité de ces fers affûtés d'avance, qu'il met en place en fort peu de temps, et dont l'affûtage n'a nullement nécessité le chômage d'une machine.

2° Que les lames hélicoïdales ne pouvant être faites par le premier taillandier venu (ces lames se déformant par les procédés employés ordinairement pour la trempe), l'industriel possesseur d'une de ces machines se trouve dans la dépendance la plus absolue et souvent contraint au chômage, surtout lorsqu'il n'habite pas Paris.

3° Que la complication du mécanisme, qui ne laisserait pas que d'être assez importante, alors même qu'on débarrasserait la machine de son changement de course automatique et de sa boîte à caler, est une cause de détériorations fréquentes. Cette complication nécessite en outre des ouvriers habitués à cette machine; en sorte que ce sont des apprentissages successifs à faire chaque fois que des hommes nouveaux succèdent aux anciens.

4° Que, lorsque le bois présente un obstacle tel que des clous, ce qui arrive même dans des bois neufs, la lame hélicoïdale est ébréchée sur une bien plus grande longueur qu'une lame droite; cette dernière considération, jointe aux pertes de travail qu'occasionne l'affûtage, ne manque pas d'avoir son importance.

Enfin le prix de cette machine (10,000 francs pour 7^{m},500 de longueur et une largeur de table de 0^{m},650, y compris un double jeu de lames), est excessivement élevé pour celui qui s'en sert, quoiqu'il soit loin d'être exagéré par le constructeur.

En résumé, cette raboteuse est, pour celui qui s'en sert, d'un prix et d'un emploi très-chers, sans que son travail soit supérieur au travail des autres machines.

Quoi qu'il en soit, la raboteuse du système inventé par M. Mareschal, et construite par M. Arbey, fait le plus grand honneur à tous deux. On ne saurait trop encourager, alors même que des résultats pratiques ne seraient pas immédiatement atteints, les hommes qui, à force d'intelligence et de travail, au prix de grands sacrifices pécuniaires, créent de nouveaux procédés et de nouveaux outils. A ce point de vue, nous aurions peut-être désiré, pour MM. Mareschal et Arbey, une marque de distinction plus élevée que celle dont ils ont été l'objet.

Près de la raboteuse du système Mareschal se trouve une petite machine destinée à raboter les planches très-minces. Le résultat qu'on n'avait pu obtenir jusqu'à présent a été atteint par l'application d'une idée toute nouvelle qui permet de travailler les planches de 0^{m},002 à 0^{m},003 sans qu'elles éclatent sous l'action de l'outil. L'invention est due à l'habile constructeur de cette machine, M. Perin, dont le nom semble attaché, en ce qui concerne les machines à bois, aux innovations les plus *pratiques* et les plus heureuses.

Un bâti A, en fonte, supporte tous les organes de la machine (fig. 1 et 2, pl. 89), dont la *table est mobile* afin de l'éloigner plus ou moins de l'outil, suivant les épais-

seurs du bois à travailler. Cette ouverture était obtenue dans les machines examinées précédemment par la mobilité de l'outil, et l'on comprend que ce dernier système, impliquant souvent une grande difficulté pour rendre les positions de l'outil parallèles, ne pouvait être adopté pour de très-faibles épaisseurs. La table T est soutenue en son milieu par un tube cylindrique C, dont la partie inférieure est pleine et taraudée afin de livrer passage à une vis fixe V, dont la tête est une roue d'angle R engrenant avec un pignon porté par un arbre horizontal placé à la partie inférieure du bâti. Cet arbre porte à son extrémité un volant à main M, qui fait monter ou descendre la table suivant le sens dans lequel on le tourne.

Pour guider la table dans son mouvement, le tube C est enveloppé d'un second tube D relié au bâti par des nervures. On fixe la table T dans ses diverses positions à l'aide d'une manivelle *m*, de la plaque de serrage qui appuie le support *i* contre le bâti et de la vis *v*. La plaque sert en même temps de support à l'extrémité de la table T, extrémité sur laquelle s'exerce la pression du cylindre cannelé. Ce moyen d'obtenir l'espace nécessaire au passage du bois, très-judicieux pour le but auquel la machine est destinée, ne saurait convenir, nous le pensons du moins, aux machines destinées à travailler de fortes pièces.

L'avancement du bois est obtenu à l'aide d'un cylindre cannelé E, dont l'arbre est porté par les branches d'une romaine de pression. Le mouvement de rotation du cylindre, à la vitesse convenable, est obtenu à l'aide d'une série de roues dentées dont les circonférences principales sont indiquées en pointillé sur le dessin; l'arbre de la dernière roue porte une poulie *p*, qui reçoit la courroie de commande de la poulie *p'* placée à l'extrémité de l'arbre *a* porté par deux chaises H venues de fonte avec le bâti.

Pour empêcher le bois mince d'éclater, il fallait lui faire subir une pression près des points où l'outil commence et cesse d'attaquer le bois, surtout près du point où il cesse d'attaquer. Le moyen employé pour obtenir ce résultat constitue l'invention proprement dite dont nous avons parlé. Ce moyen consiste en une plaque de tôle courbe *f*, munie de tourillons *d* qui s'engagent dans les deux branches de la romaine de pression *r*.

La plaque de tôle courbe, en tournant sur ses tourillons, peut donc suivre la planche dans son mouvement d'avancement et la presser par sa partie inférieure jusque sous l'outil, sa partie supérieure ne servant qu'à garantir l'ouvrier contre les copeaux. Mais il fallait éviter que dans ce mouvement la plaque ne vînt s'engager sous le fer de l'outil; on y est arrivé en plaçant sous sa partie inférieure et dans une direction normale à sa courbure un taquet dont l'extrémité vient s'appuyer sur une touche ayant un profil courbe, et venue de fonte avec les paliers graisseurs dans lesquels tourne l'arbre *b* du porte-outil *g*. Lorsque la planche à raboter n'est pas d'une trop faible épaisseur, la partie inférieure de la plaque est munie d'une roulette pour éviter le frottement assez considérable qui se manifeste entre le bois et cette plaque; mais lorsqu'on doit raboter des planches d'une très-faible épaisseur, on est obligé d'exercer la pression tout près de l'outil et de prolonger la courbure de la plaque ainsi que l'indique la figure. La plaque tend alors à coincer, mais le but est atteint.

Le bois est maintenu au point où commence l'action de l'outil par deux plaques de tôle *f'* formant le second levier de la romaine de pression *r''* et terminée par des parties courbes pressant le bois près de l'outil. L'arrêt *o* ne permet pas à cette partie courbe de quitter la surface du bois, quelles que soient ses inégalités, tandis que l'arrêt *o'* empêche le second levier de la romaine *r''* de s'incliner au delà d'une certaine limite et la pression sur le bois de devenir trop grande.

La machine dont nous venons de faire la description est bien entendue et peut travailler des planches depuis la plus faible épaisseur jusqu'à des madriers de 33 cent. de largeur sur 12 cent. d'épaisseur. L'innovation qui la rend remarquable n'en a pas élevé le prix, qui est faible : 2,200 francs environ.

A côté de la machine à raboter les planches minces, de M. Périn, se trouve une *toupie* à avancement automatique du même constructeur.

La toupie, dont nous devons dire les propriétés pour ceux de nos lecteurs qui ne la connaissent pas, est un outil propre à l'exécution de toutes les moulures, feuillures, embrèvements, alégis, rainures, etc., sur bois droits ou cintrés tels que les emploie la fabrication des meubles, des boiseries d'appartements, des cadres, etc. Composée, dans sa plus simple expression, d'une lame droite *perpendiculaire à la surface de bois à travailler* [1] et montée sur un arbre vertical qui tourne avec une extrême vitesse, il suffit de varier le profil de la lame pour obtenir les moulures ou rainures les plus variées. La toupie est donc de tous les outils à travailler le bois le plus simple et par conséquent le moins cher, en même temps qu'elle est, par l'étendue de ses aptitudes, la base indispensable de l'outillage d'un atelier de menuiserie.

Le dessin dont nous appuyons la description de la machine représente une toupie dans laquelle l'avancement des bois *droits* [2] se fait à l'aide d'une manivelle mue à la main. Ses dispositions étant les mêmes que celles de la machine exposée, il nous sera facile d'expliquer ensuite au lecteur les moyens employés pour rendre l'avancement automatique.

Le bâti A (fig. 3 et 4, pl. 89) est en fonte et a la forme d'un tronc de cône surmonté d'une table. Ce bâti est percé de quatre ouvertures permettant de faire passer la courroie de commande de quelque côté que soit placé l'arbre de transmission. Il porte, en outre, dans son intérieur, une pièce venue de fonte avec lui et servant à recevoir le palier de la partie inférieure de l'arbre vertical, sur la partie supérieure duquel est placé le porte-outil. Une vis, tournant dans un écrou taraudé à la partie inférieure de ladite pièce de fonte, sert à soulever ou à abaisser l'arbre vertical suivant la hauteur de la moulure à pousser. En son milieu, l'arbre porte une bobine *b*, sur laquelle s'enroule la courroie venant de la poulie P.

La table T du bâti, sur laquelle glisse le bois, porte du côté de la face non travaillée un plateau glissant horizontalement et perpendiculairement à la direction que suit le bois dans une coulisse *e*; le plateau est muni de chaque côté de deux rainures dans lesquelles glissent des tiges munies de roulettes *a* et destinées à presser le bois latéralement contre la pièce *g*. Cette dernière peut, en glissant dans les rainures *r*, prendre un mouvement parallèle à celui du plateau c. On peut donc, à l'aide du guide *g* et du plateau c, assurer l'invariabilité du mouvement de la pièce de bois, suivant son épaisseur et la profondeur de la moulure que l'on veut pousser.

Les écrous de serrage *f* permettent de fixer le guide *g* lorsqu'il est placé.

Pour éviter que la pièce de bois ne puisse se déplacer verticalement, le pla-

1. Le lecteur remarquera donc que cet outil appartient à la même classe que les outils à raboter ou à faire des moulures sur le plat, et que ces derniers n'en diffèrent qu'en ce qu'ils *travaillent parallèlement à la surface* du bois.

2. Lorsque les bois sont cintrés, l'avancement se fait à la main, la saillie de la lame étant réglée sur la profondeur de la moulure. C'est évidemment le seul moyen à employer pour faire avancer le bois en suivant des courbures quelconques. Le mouvement d'avancement du bois ne peut être automatique que, lorsque la pièce étant droite, elle peut suivre un mouvement rectiligne. Ce dernier cas est d'ailleurs le seul où, la continuité du travail pouvant exister, l'avancement automatique soit avantageux.

teau *c* porte une tige *i* dans laquelle glisse supérieurement une traverse à l'extrémité de laquelle est adaptée une tige verticale se bifurquant pour porter deux roulettes *a'*, qui pressent sur le bois de haut en bas et dépendent d'un levier portant un poids pour régler la pression.

La pièce est placée entre deux longerons A' en bois sur une chaîne de Galle *h*, engrenant sur deux pignons *q q'* et passant sur le rouleau de renvoi *q''*. Le premier de ces pignons est calé sur l'extrémité de l'arbre *o* qui porte à son autre extrémité un pignon semblable engrenant avec une vis sans fin V, mue par une manivelle. Dans la machine exposée, cette dernière vis est placée à la partie inférieure du bâti, sur un arbre horizontal qui porte une poulie pour recevoir la courroie s'enroulant sur les poulies *pp* de la transmission. Un pignon placé à l'extrémité inférieure d'un arbre vertical engrène avec la vis sans fin, tandis qu'un pignon d'angle, placé à la partie supérieure dudit arbre, engrène avec un second pignon d'angle remplaçant le pignon *q*.

Le bois étant placé sur la chaîne, on fait entrer un crochet dans le maillon de cette dernière le plus rapproché de l'extrémité de la pièce, qui se trouve ainsi entraînée.

En enlevant le guide *g* et le plateau *c*, on peut faire des moulures cintrées.

Cette machine se présente bien comme forme ; elle est d'une grande simplicité d'agencement et bien construite.

Les divers systèmes de guidage et de pression, de curseur à la main ou automatique, sont dus à l'initiative de M. Périn, qui, à lui seul, a construit une bonne partie des toupies fonctionnant actuellement.

Nous citerons encore du même constructeur une machine à faire les tenons et les doubles tenons, dont l'outil fait partie de la classe des outils à trancher le bois en le corroyant.

Cette machine est remarquable par la disposition du porte-outil, en forme de plateau, ce qui permet d'équilibrer le système lorsque l'on fait des tenons à barbe[1] et par un débrayage automatique des plus ingénieux.

Le bâti se compose de deux parties distinctes, l'une A destinée à porter l'outil, l'autre B destinée à porter la pièce à travailler. La première partie A (fig. 1, pl. 90) porte un plateau *a* pouvant glisser verticalement sur le bâti et portant l'arbre *b* du porte-outil. Sur cet arbre, et à son extrémité, est calée la poulie recevant la commande. Le plateau *a* est muni d'une crémaillère qui engrène avec un pignon *d* porté par un arbre *e* qui repose sur la partie A du bâti. Sur le même arbre *e* est calée une manette qui permet, en la tournant dans le sens convenable, d'élever ou d'abaisser l'outil au-dessus ou au-dessous de la pièce à travailler. Pour rendre cette manœuvre facile, on a équilibré le plateau *a* à l'aide d'un poids P placé sur une tige oscillant autour du point *f*. Cette tige s'articule avec une bielle dont l'extrémité est fixée au plateau.

Lorsqu'on abaisse l'outil, ce que l'on fait sans arrêter la machine, le plateau *a* vient reposer sur un frein placé sur le bâti A, et le débrayage de la courroie qui commande l'arbre *b* s'opère en même temps.

Pour cela, un arbre porté par deux montants, et muni de deux poulies folles, est placé à l'extrémité de la machine. Une corde s'enroulant d'un côté sur une poulie porte l'arbre du volant, et de l'autre côté, sur l'arbre en question, fait mouvoir une fourchette qui déplace la courroie et la fait passer sur la poulie folle.

La partie B du bâti qui porte le bois est munie d'un plateau pouvant [illegible]

1. On appelle tenons à barbe les tenons dont l'une des faces est plus long[illegible] face parallèle, en sorte que la ligne d'assemblage avec la pièce qui porte la [illegible], est brisée. La face la plus longue se nomme la barbe.

un mouvement de va-et-vient dans le sens perpendiculaire à la longueur de la pièce, à l'aide d'une vis tournant dans un écrou fixé à ce plateau et commandée par une manivelle *n*. On peut, de cette manière, commencer un tenon aussitôt qu'il y en a un terminé.

Lorsque les fers sont directement adaptés sur l'arbre qui les met en mouvement et que leurs longueurs ou distances à l'axe ne sont pas égales, ce qui arrive nécessairement dans le cas où l'on doit faire des tenons à barbe, l'arbre qui les porte possédant une grande vitesse, la différence de masse des outils se fait vivement sentir; il y a du *balourd* et la machine marche irrégulièrement. A cette cause d'irrégularité, il faut ajouter celle qui résulte des différences des bras de leviers sur lesquels agit la résistance. Afin d'éviter ces inconvénients, M. Périn a calé sur l'arbre des plateaux *q*, sur lesquels sont placés les fers au nombre de trois et à distances égales de l'axe pour chaque plateau. Les plateaux sont de même diamètre et l'on ne fait qu'allonger les fers pour les tenons à barbe. Ils peuvent se rapprocher ou s'éloigner l'un de l'autre suivant l'épaisseur du tenon à faire. La différence de masse des lames ne se fait plus sentir directement sur l'arbre.

Cette machine est, comme on le voit, fort ingénieusement combinée, fort simple et facile à manœuvrer. Enfin, elle produit à l'aide de la disposition nouvelle que nous venons de décrire, une économie de force motrice en évitant les chocs inévitables dans les machines ordinaires, lorsqu'on doit faire des tenons à barbe. Son prix est de 2,000 francs.

Nous donnons ici une figure qui représente une machine à raboter construite par M. Gérard ; elle est destinée à la petite industrie comme toutes les machines exposées par ce constructeur.

Fig. 1.

Cette machine sur laquelle on ne peut raboter que des bois de faible longueur est d'une forme originale et nouvelle ; son outil agit comme un fer de varlope, dont la lame serait inclinée, tout en possédant un mouvement de va-et-vient de peu d'étendue.

Un arbre horizontal *a*, placé sur les deux fermes d'un bâti A en fonte, porte à l'une de ses extrémités les poulies de commande *p p*, à l'autre extrémité un disque vertical B parfaitement dressé comme la face inférieure d'un rabot de menuisier. Ce plateau est percé, suivant un diamètre, de deux rainures dans lesquelles sont placés les fers analogues à ceux qu'on emploie dans le rabot ordinaire et dont on varie à volonté l'inclinaison par les mêmes moyens que ceux employés dans cet outil. Les montants C, qui sont placés à la partie antérieure du bâti, portent une table *t* qui glisse dans une des rainures *r* à l'aide d'une vis mobile *v*, passant dans un écrou fixe, qu'on fait tourner à l'aide d'une manette *m*. On place, de cette manière, la table à la hauteur voulue pour que le bois soit raboté sur toute sa hauteur.

Il est facile de voir que la limite de hauteur des bois à travailler est la longueur de la lame.

La table *t* porte un butoir *d* contre lequel le bois qui tend à suivre le mouvement du disque est appliqué. Un excentrique *f*, dont l'arbre peut être déplacé à volonté suivant l'épaisseur de la pièce, serre le bois contre le plateau. Un frein est placé près de la circonférence du plateau ou disque vertical afin d'arrêter instantanément son mouvement. Cette disposition a beaucoup d'analogie avec celle adoptée par M. Cella, et n'en diffère que parce que le disque est placé verticalement au lieu de l'être horizontalement. Du reste, M. Gérard est obligé de revenir à cette dernière disposition pour travailler des pièces d'une certaine longueur.

Cette machine dresse nécessairement en même temps qu'elle blanchit; les copeaux rejetés derrière le plateau, toujours comme dans le rabot à la main, ne peuvent gêner l'ouvrier placé à la partie antérieure de la machine.

En admettant que l'on ait à raboter pendant un certain temps des pièces de même dimension, et que la table doive rester à la même hauteur, chaque point de la partie de la lame en contact avec le bois parcourant des espaces qui vont en augmentant du centre à la circonférence, les lames travailleront inégalement et s'useront de même.

Le prix de cette machine à plateau tournant de $1^{m},50$, est de 3,000 francs; ce qui est un prix très-élevé pour les usages restreints auxquels elle peut servir.

Néanmoins cette raboteuse travaille très-bien et présente des avantages sérieux pour le travail des petits bois.

Nous nous trouvons maintenant en présence d'une machine ou plutôt d'une série de machines exposées par M. Guilliet, et devant lesquelles le public s'arrête longuement, émerveillé de leur travail aussi rapide que facile. Les diverses machines composant cette série étant placées sur le même bâti et les outils appartenant à un même type, leur étude se fera simultanément.

La partie A du bâti (fig. 1, 2 et 3, pl. 91) porte une défonceuse[1], une scie à ruban et une scie alternative à arçon pour découper le bois. Cette partie du bâti se compose de quatre montants *a* ou pieds verticaux, réunis à leur partie supérieure par une table formée de deux plateaux mobiles et à leur partie inférieure par des traverses *c*. Un montant courbe *b* sert de support aux organes supérieurs de la machine, tandis que les organes inférieurs sont portés par les montants *a a* et les traverses *c*. Sur ces dernières, sont placés les paliers de l'arbre *d* qui porte, outre les poulies de commande *p*, la poulie P et le tambour inférieur de la scie à ruban TT. Ce tambour sert en même temps de poulie P^1, et c'est à l'aide de cette poulie que le mouvement se transmet à la défonceuse *e* par l'intermé-

1. On appelle ainsi un outil destiné à creuser dans le bois des moulures droites ou courbes.

diaire des poulies p' et de la bobine f. Le support b', qui porte la défonceuse, peut glisser sur le bâti b à l'aide d'un pignon et d'une crémaillère de façon à élever ou abaisser l'outil suivant l'épaisseur du bois..

Pour donner le même mouvement à l'outil lorsque les épaisseurs n'éprouvent que de petites variations, on se sert de la vis v; enfin, lorsque sa position est ainsi réglée, on approche l'outil du bois à travailler à l'aide des leviers articulés h, h munis d'un contre-poids q et d'une pédale. En appuyant sur cette dernière, l'outil s'abaisse sur le bois, tandis qu'en l'abandonnant à elle-même, le contrepoids le relève.

La pièce à travailler est placée sur un plateau i qui peut glisser horizontalement dans le sens indiqué par la flèche (fig. 3) sur un second plateau i'. Le mouvement du plateau i est obtenu à l'aide d'une manivelle m commandant une vis fixe tournant dans un écrou fixé à la table i; quant au plateau i', on peut lui donner un mouvement de va-et-vient perpendiculaire à celui du plateau i et dans le même plan horizontal.

Ce dernier mouvement a lieu par l'intermédiaire d'une manette M dont l'arbre porte un pignon engrenant avec une crémaillère fixée au plateau i' (fig. 3, pl. 91). A l'aide des deux mouvements que nous venons d'énumérer, l'ouvrier manœuvrant l'outil par la pédale, et le plateau, par les manivelles qu'il tient dans chaque main, peut faire décrire à la pièce qu'il travaille toutes les courbes imaginables dans un plan horizontal. Cette dernière manœuvre s'opère avec une très-grande rapidité, et les personnes étrangères au travail du bois sont étonnées de la facilité avec laquelle l'on obtient de cette façon les ornements les plus variés.

Nous ne dirons rien de la scie à ruban ni de la scie alternative, du moins comme agencement, ce dernier n'offrant rien de remarquable.

La partie B du bâti porte une mèche à mortaiser dont l'arbre est mis en mouvement à l'aide d'une courroie partant de l'arbre d et de la bobine g. Le plateau sur lequel repose la pièce peut prendre deux mouvements rectangulaires dans un plan vertical. Le premier de ces mouvements, qui permet d'écarter ou de rapprocher le bois de l'outil suivant la profondeur de la mortaise, s'obtient à l'aide de la manivelle m' commandant une vis; tandis que le second mouvement, qui est vertical, sert à élever ou à abaisser la pièce suivant la hauteur de la mortaise; il est obtenu en tournant la manette M'. La manivelle m'' sert à fixer le plateau dans la position qu'on lui a donnée. Le mouvement de va-et-vient dans le sens de la longueur de la mortaise est donné à la main. La célérité et la facilité du travail ne sont plus ici les mêmes que pour la défonceuse; l'ouvrier perd beaucoup de temps à manœuvrer les manivelles qui ne sont pas bien placées. De plus, il est infiniment préférable de donner mécaniquement à la pièce le mouvement dans le sens de la longueur de la mortaise.

La partie C du bâti porte deux outils montés sur deux arbres verticaux munis de bobines et recevant la commande de l'arbre d. Celui de ces arbres verticaux qui, dans la fig. 1, se trouve placé près de la partie B du bâti, porte un outil destiné à pousser les moulures droites ou cintrées. Son montage ne diffère pas de celui des arbres portant les toupies faisant ordinairement ce genre de travail; l'outil seul est remarquable et nous le décrirons en étudiant les autres outils de cette machine.

Lorsqu'on veut pousser des moulures droites, on appuie la pièce de bois sur des guides placés sur le plateau et qu'on écarte à volonté de l'outil.

Le second arbre monté sur la partie C du bâti porte les outils destinés à faire les tenons. Ces outils sont en forme de disques placés horizontalement, au nombre de deux, et l'on peut les écarter l'un de l'autre à l'aide de rondelles, suivant l'épaisseur du tenon. L'arbre vertical qui porte cet outil, analogue à celui d'une toupie ordinaire, peut s'élever ou s'abaisser à l'aide d'une manette formant la tête d'une vis placée à sa partie inférieure. On détermine, à l'aide de cet organe, l'emplacement des outils d'après la position que doit avoir le tenon dans le sens de l'épaisseur de la pièce.

L'arbre porte en outre un volant V. Une patte serrée par une vis de pression qu'on tourne à l'aide d'une manette sert à fixer la pièce de bois dans le sens voulu par l'inclinaison qu'on veut donner à l'arrêt du tenon.

En H est un chariot dont le mouvement dépend de la manivelle m^2, et qui porte la pièce sous l'outil.

Enfin, près de la partie B du bâti qui porte la mortaiseuse, se trouve la machine à raboter qui ne présente rien de nouveau dans son agencement.

Il ressort de la description précédente que le constructeur a voulu créer un établi mécanique ou raboteur universel[1]. Nous devons donc examiner tout d'abord si ce genre de machines est réellement avantageux.

Le premier avantage qu'offre cette disposition est évidemment l'économie de l'emplacement. Mais, si nous remarquons que dans l'industrie dont nous nous occupons, comme dans toutes, le travail exige qu'une pièce passe successivement par une série de machines avant d'être terminée, et que, par conséquent, les machines doivent toutes travailler à la fois, dans un atelier où la production est continue, nous serons convaincus que l'avantage dont nous venons de parler n'est qu'illusoire.

Il résulte, en effet, du travail simultané de toutes les machines que le peu d'emplacement qu'elles occupent nuit à la manœuvre ; les ouvriers se gênent l'un l'autre et il y a un temps perdu considérable. De plus, les vibrations et les chocs, qui sont d'autant plus importants qu'il y a plus d'outils en mouvement, nuisent à la qualité du travail, surtout lorsque les organes de la machine sont aussi mal agencés que dans celle que nous venons d'étudier et que le bâti, établi avec des fers à nervures, présente des pièces d'une faible masse, d'une grande longueur, mal reliées entre elles, et par conséquent offrant le dernier inconvénient cité au plus haut degré.

Celui-ci ne saurait disparaître que si l'on ne fait travailler qu'un seul outil à la fois ; la machine cesse dès lors d'être industrielle, et cela d'une manière d'autant plus absolue qu'elle ne peut servir à la petite industrie.

Mais, si la machine de M. Guilliet est défectueuse, ses outils constituent au contraire l'une des innovations les plus remarquables que présentent les machines à bois exposées. Ces outils appartiennent à un seul et même type, et sont formés de tôle d'acier trempé. Leur travail est d'une facilité et d'une rapidité surprenantes ; le bois est coupé avec la plus grande netteté. Nous allons les examiner successivement.

L'outil de la défonceuse est formé d'une lame de tôle d'acier recourbée et présente l'aspect d'une toupie retournée. (Pl. 91, fig. 4, 5 et 6.)

Le biseau de l'outil est fait sur une meule d'émeri spéciale dont M. Guilliet est l'inventeur.

L'outil de la machine à mortaiser consiste en une mèche à vilebrequin (fig. 4 5 et 6 ; Pl. 91). Cette mèche agit en perçant, et coupe le bois latéralement

1. Nous devons dire cependant qu'il est probable que M. Guilliet a voulu présenter au public toute la série d'outils dont il est l'inventeur et les faire travailler dans l'emplacement qui lui était attribué. S'il en était ainsi, l'observation que nous faisons sur l'inutilité des établis mécaniques au point de vue industriel ne saurait s'appliquer à la machine exposée par M. Guilliet.

par ses tranchants hélicoïdaux lorsqu'on imprime à celui-ci ou a l'outil un mouvement de va-et-vient. Cet outil se retrouve dans diverses machines exposées, quoique avec des différences dans la direction et la forme des filets.

M. Guilliet croit en avoir la priorité. Dans tous les cas, cette mèche paraît supérieure aux autres outils à mortaiser pour le travail des bois[1].

L'outil de la machine à pousser les moulures droites ou cintrées a la forme d'un tronc de cône percé d'ouvertures présentant des tranchants en biseau (fig. 7 et 8, pl. 91). On voit combien il diffère de la lame unique employée dans les toupies.

Les fig. 9 et 10 de la même planche 91 représentent l'outil de la machine à faire les tenons.

L'examen de ces figures suffira au lecteur pour se rendre compte de sa forme.

Ainsi que nous l'avons dit, ces outils ne laissent rien à désirer sous le rapport du travail; il n'en est pas de même sous le rapport économique et nous pourrions leur appliquer les mêmes critiques que celles que nous avons faites de la lame hélicoïdale du système Mareschal. — Aussi doivent-ils coûter cher :

1° Parce qu'ils sont faits avec des lames de tôle trempée après la fabrication, et que, par suite, il faut recommencer plusieurs outils avant d'en obtenir un qui puisse servir.

2° Parce qu'il n'y a qu'une seule maison qui puisse les fabriquer.

Malgré les inconvénients que nous avons dû signaler et la construction baroque de la machine de M. Guilliet, nous ne pouvons que le féliciter hautement de sa tentative heureuse pour substituer de nouveaux outils aux anciens. Il est à croire qu'une pareille innovation l'a mis au nombre des industriels récompensés.

Nous terminerons l'examen des machines à travailler le bois en le corroyant, faisant partie de la section française, par l'examen de la machine à raboter de M. Vallod, et quelques mots sur une parqueteuse de M. Quetel-Tremois.

La raboteuse de M. Vallod est remarquable par l'application d'une idée fort ingénieuse et nouvelle, du moins en ce qui concerne le rabotage du bois. (Voir pl. 92, fig. 4, 6, 7 et 8.)

Cette idée consiste à donner à l'outil, qui possède un mouvement de rotation rapide, un second mouvement de va-et-vient transversal.

En outre, l'amenage du bois ne se fait pas à l'aide de cylindres cannelés, afin d'éviter les soubresauts que détermine l'usure rapide de ces organes. La frise s'avance sous l'outil par l'intermédiaire d'une chaîne de Galle, sur laquelle elle est placée et dont les maillons reçoivent un crochet, comme dans la toupie à avancement automatique de M. Perin, et autres machines, telles que la machine à raboter le bois sur quatre faces, de M. Dietz. La planche 93 représente cette machine à raboter, nous en donnons la description, page 302.

Continuons l'examen de la raboteuse Vallod.

Lorsque ce crochet a rempli son office, il quitte la chaîne au point où elle s'incline et tombe dans une rigole en tôle qui le ramène sur le côté de la machine, à portée de la main de l'ouvrier qui le prend pour le replacer de nouveau sur la chaîne et pousser une nouvelle planche.

Le bâti de la machine se compose de deux flasques en fonte supportant une table de même matière, parfaitement dressée. Sur la face supérieure de cette table sont placés des rouleaux lisses, de pression, dont les coussinets sont recouverts de boîtes en fonte destinées à les mettre à l'abri des copeaux et de la

1. Nous reviendrons sur cet outil dans notre examen des machines à mortaiser.

poussière. La table est traversée par des tiges portant des contre-poids à leur partie inférieure et reliées au rouleau à leur partie supérieure. Toute la partie de la table qui précède le rabot tournant peut s'incliner légèrement, de façon à ce que son niveau se trouve au-dessous de celui de l'autre partie; le rabot étant réglé pour affleurer la table, cette inclinaison permet d'enlever une épaisseur de bois plus ou moins grande.

Ainsi que nous l'avons dit, le mouvement de va-et-vient sur son axe, imprimé au rabot, constitue l'innovation apportée dans cette machine. Ce mouvement est obtenu à l'aide d'une bielle coudée, dont l'une des extrémités glisse à volonté dans une coulisse fixée à l'arbre du rabot. On détermine de cette façon l'amplitude du mouvement de l'outil. Celui-ci coupe nettement les surfaces, et son action est surtout remarquable sur les nœuds du bois. Le rabotage des surfaces est achevé par un fer fixe placé sur la table, après le rabot tournant, et pouvant s'élever ou s'abaisser à l'aide de deux vis. Après avoir subi l'action de ces outils, le bois passe devant deux toupies qui font les moulures latérales. L'une de ces toupies peut s'éloigner de l'autre à volonté, manœuvre qui a nécessité une ouverture assez considérable dans la table.

Mais, ainsi qu'on a pu le remarquer, le constructeur a cru devoir s'attacher à préserver de l'atteinte des copeaux tous les organes de sa machine ; il a donc encastré dans la table un disque en fonte dont la surface dressée affleure et fait suite à celle de la table. Ce disque est percé d'une ouverture un peu allongée pour livrer passage à l'arbre de la toupie, et il tourne autour de son axe quand on écarte ou rapproche celle-ci. Cette disposition permet, en outre, de soutenir le bois précisément au point où il subit un travail énergique.

Des ressorts et des galets dirigent le bois dans son mouvement.

Avant de nous livrer à l'examen des avantages et des inconvénients de cette machine, nous devons déclarer que c'est une machine d'études, sortie très-précipitamment des ateliers, et que par conséquent nos critiques, si critiques il y a, sont plutôt des conseils sur les dispositions à adopter, lors de la construction d'une nouvelle machine.

Constatons d'abord que, par suite de l'absence des cylindres cannelés, la machine exposée réalise une économie de force assez importante, augmentée encore par le mouvement latéral, alternatif, imprimé à l'outil. Ce dernier, en séparant les fibres dans les deux sens à la fois, rencontre une résistance évidemment bien inférieure à celle qu'il doit vaincre lorsqu'il ne divise le bois que dans un seul sens.

De plus, le rabot étant placé au-dessous de la planche et affleurant la table, on n'enlève que la quantité strictement nécessaire pour rendre la surface lisse, résultat qui concourt encore à rendre plus grande l'économie de force motrice.

L'affûtage des fers est aussi facile que dans toutes les autres raboteuses dont l'outil se compose de fers droits. On remarquera, en outre, qu'ils travaillent sur toute leur longueur, ce qui en rend l'usure uniforme.

Mais nous pensons que certains des avantages énumérés plus haut sont achetés trop chers. Ainsi, la disposition générale qui place tous les organes de la machine sous la table, les cache à l'œil et les rend difficiles à atteindre, donne toujours lieu à de grandes pertes de temps lorsqu'on doit réparer ou affûter. C'est, en général, une tendance mauvaise que de vouloir trop cacher les organes d'une machine quelle qu'elle soit.

Nous croyons, en outre, que M. Vallod a attaché trop d'importance à la préservation des organes de la machine de l'atteinte des copeaux et de la poussière: Il n'a pu obtenir ce résultat qu'en augmentant encore le temps perdu pour atteindre les organes qu'on veut visiter.

Enfin, dans la machine exposée, le mouvement d'amenage n'est pas continu, mais, empressons-nous de le dire, cet inconvénient peut facilement disparaître.

La raboteuse de M. Vallod peut blanchir de 4 à 5 mètres de frise par minute et son prix (4 à 5000 francs) est le même que celui de toute autre parqueteuse pouvant faire le même ouvrage.

Notre opinion est que cette machine peut rendre de très-grands services lorsqu'elle sera sortie de la période des études et que, telle qu'elle est, elle eût valu à son constructeur une récompense bien méritée, si elle avait été exposée en temps voulu. Du reste, nos lecteurs pourront se rendre parfaitement compte des dispositions de cette parqueteuse en se reportant aux fig. 4, 6, 7 et 8, de la planche 92.

Nous devons nous justifier de ne pouvoir dire que quelques mots de la parqueteuse de M. Quetel-Tremois. A peine étions-nous entrés dans l'annexe où sont montées les machines de ce constructeur, qu'un ouvrier nous voyant prendre quelques notes (et disant agir par ordre) nous invita à nous retirer.

Inutile d'ajouter que ce fut en vain que nous voulûmes indiquer l'usage auquel était destinée notre étude. Nous sommes donc obligés de priver nos lecteurs de la description de cette machine. Nous pensons, et nous pourrions au besoin nous appuyer sur des exemples, que l'amour de son art fait plus pour la prospérité d'un industriel que ces vues étroites du chacun chez soi, chacun pour soi.

Une industrie est d'autant plus perfectionnée que ses procédés sont plus facilement échangeables, et plus elle est perfectionnée, plus le nombre de ses consommateurs augmente, et plus grande devient l'importance de ses transactions.

C'est aussi, nous le croyons du moins, la manière de voir de l'État lorsqu'au prix de grands sacrifices il provoque la réunion de toutes les industries dans une seule enceinte.

Force nous a donc été de recourir aux renseignements. De ces derniers, très-généraux, mais que nous garantissons, il résulte :

1° Que la parqueteuse de M. Quetel-Tremois n'offre rien de neuf, rien absolument.

2° Que cette machine fonctionne bien et qu'elle blanchit 4 mètres de parquet à la minute, ce qui est un fort bon résultat.

Nous commencerons notre examen des machines appartenant aux sections étrangères par celles que l'Allemagne a envoyées à l'Exposition.

M. Zimmermann de Chemnitz a exposé, entre autres machines, une raboteuse à chariot, dont l'exécution proprement dite a attiré notre attention.

Le bâti est en fonte et se compose de deux parties : l'une A (fig. 1, Pl. 104), horizontale, formée de deux longerons, reposant à leurs extrémités sur des pieds venus de fonte avec elle; l'autre B, verticale, formée de deux montants placés de chaque côté de la partie A sur les longerons de laquelle ils sont boulonnés et destinée à porter l'arbre de l'outil ainsi que les cylindres presseurs. Ces derniers n'ayant pas à déterminer l'avancement du bois sont lisses, et n'ont pour objet que de faire adhérer la pièce à travailler sur le chariot, à l'aide des romaines de pression dont ils sont munis.

Le porte-outil est un prisme rectangulaire armé de fers droits occupant toute la largeur du chariot. Les paliers de l'arbre sur lequel est calé ce porte-outil, et dont l'une des extrémités porte la poulie qui lui imprime son mouvement de rotation, reposent sur deux chaises *c* venues de fonte avec un plateau *d* qui peut glisser verticalement sur le bâti B. Pour obtenir ce mouvement, qui permet d'abaisser ou d'élever l'outil suivant les épaisseurs du bois, le plateau porte deux écrous dans lesquels tournent des vis fixes conjuguées, dont les têtes sont des roues d'angle engrenant avec deux autres roues d'angle placées aux extrémités d'un arbre horizontal *e*. On fait tourner ce dernier à l'aide des manivelles *m*. Les cylindres lisses, dont l'office est de presser le bois sur le chariot, sont placés de chaque côté de l'outil. Il suffit de jeter un regard sur la figure pour se rendre compte de la forme des romaines R qui les commandent.

L'avancement du chariot se fait à l'aide des organes suivants placés à gauche du bâti. (Nous supposons le lecteur placé en avant de la partie A que nous appellerons la partie antérieure de la machine et la face tournée vers celle-ci; c'est de ce côté qu'est placé le bois à travailler.) Un premier arbre y repose à l'une des extrémités sur le bâti A, à l'autre extrémité, sur une chaise placée en dehors. Sur l'arbre sont calés une poulie recevant la courroie de commande, et un pignon engrenant avec une roue dentée, dont l'arbre porte aussi un pignon qui engrène avec la roue principale; l'arbre de cette roue principale porte le pignon qui engrène avec la crémaillère du chariot.

Tels sont les organes qui font avancer le chariot pendant que l'outil travaille. Pour opérer le retour qui doit être plus rapide que l'aller, l'arbre, qui porte la première poulie de commande, est enveloppé par un second arbre creux, portant une seconde poulie de même diamètre que la première et un pignon qui engrène directement avec la roue principale.

Pour passer de la première poulie sur la seconde, et inversement, mouvements qui correspondent à l'aller et au retour, puisque le sens de rotation de la roue principale change suivant qu'elle est commandée par l'une ou l'autre des deux poulies, la courroie passe sur une troisième poulie qui est folle sur son axe et placée entre les deux premières ; le chariot ne sera donc jamais sollicité à la fois à suivre les deux mouvements opposés, ce qui arriverait si les poulies de commande étaient placées l'une près de l'autre sans poulie intermédiaire.

Une toupie, dont l'arbre porte une bobine, placée vers la partie antérieure du bâti, permet de faire des rainures ou des languettes.

L'outil, le chariot et la bobine reçoivent leur mouvement de l'arbre de transmission D, placé à l'extrémité du bâti, et qui porte les poulies nécessaires, parmi lesquelles nous comptons les poulies recevant la courroie de transmission placée à son extrémité.

Cette machine peut raboter jusqu'à $0^{m},425$ de largeur, $0^{m},280$ de hauteur et $4^{m},530$ de longueur. Son prix est de 4690 francs. Le rabotage sur 4 faces nécessitant une certaine complication de la machine et donnant lieu à des réactions très-vives, par suite de l'action des quatre outils, le véritable moyen pratique de l'opérer consiste à raboter simultanément sur deux faces perpendiculaires. Nous félicitons M. Zimmermann de l'avoir adopté. Le même moyen a été employé par M. Périn dans le dessin qu'il a exposé d'une raboteuse à chariot, parfaitement entendue du reste.

Le système par lequel on élève ou abaisse l'outil, à l'aide de vis conjuguées, ne permet pas un dressage exact au bout d'un certain temps de service ; nous pensons l'avoir prouvé en nous occupant de la machine construite par M. Arbey.

Le croisillon-manivelle, à l'aide duquel s'opère cette manœuvre, est placé trop haut. L'ouvrier est obligé de se hausser pour y arriver en même temps qu'il est obligé de s'incliner sur l'outil pour s'assurer de la quantité dont il l'élève ou l'abaisse. Or, lorsqu'une manœuvre, qui doit souvent se répéter, est fatigante, l'ouvrier s'en dispense, ce qui donne lieu à une perte de matière qui peut être importante.

La commande est mal placée, car il est impossible, lorsque la machine est en marche, de s'approcher du chariot, empêché qu'on en est par les courroies qui passent de chaque côté de la machine, et mettent en mouvement l'outil et la toupie. Cet inconvénient eût été évité en commandant la toupie par le bas et en abaissant, par conséquent, l'arbre de commande.

Nous devons signaler, surtout, une disposition dont, malgré tous nos efforts, nous n'avons pu comprendre le but. L'outil occupe toute la largeur, sur laquelle la machine peut raboter, et le chariot a environ 0m,10 en moins de chaque côté. On a alors placé, sur le chariot, une planche ayant la largeur de l'outil et destinée à porter la pièce à travailler. Cette planche se voile, en sorte qu'il est complétement impossible de dresser une surface dans de pareilles conditions.

Ce banc est trop long par rapport au chariot qui eût pu le dépasser sans inconvénient dans son mouvement de retour, ainsi que cela se voit dans les machines à travailler le fer. Ajoutons qu'outre son poids de fonte inutile, dont une partie ouvrée, il résulte de cette disposition un emplacement considérable occupé par la machine dans l'atelier.

Les points d'attache des pièces, les coulisses et rainures du chariot sont trop maigres.

Enfin l'emploi du fer, occupant toute la largeur du bois à raboter, absorbe beaucoup plus de force que lorsque les lames sont moins larges et sont disposées de façon à ce que leurs projections horizontales occupent toute la largeur de la planche.

Telles n'ont pas été les dispositions générales que nous avons observées dans le dessin d'une machine à raboter, à chariot, exposée par M. Périn. Dans cette machine, la commande de la toupie a lieu par le bas; le chariot peut dépasser le banc d'une certaine longueur et les fers du rabot remplissent la condition que nous venons d'indiquer. Ce sont là, à notre avis, d'excellentes inspirations.

MM. Schmaltz frères, à Offenbach, ont exposé une machine à raboter les planches sur deux faces en faisant en même temps les rainures et languettes.

Les outils à raboter les faces sont l'un au-dessus, l'autre au-dessous de la planche à raboter; ils ne diffèrent en rien des outils à lames droites dont il a été précédemment question.

Le bâti se compose d'une table H (fig. 2, pl. 104), présentant en son milieu l'ouverture nécessaire pour le passage des outils et soutenue par quatre montants en fonte. A l'extrémité antérieure du bâti sont placés quatre cylindres, dont deux A'A' sont cannelés et placés au-dessus de la planche à entraîner, et deux cylindres AA sont lisses et placés au-dessous. Les cylindres A' A' sont mobiles et peuvent osciller autour d'un centre B (fig. 5, pl. 104), sous l'action des poids placés dans un plateau D soutenu par les tringles *c*.

Cette action des poids se fait sentir sur les cylindres cannelés par l'intermédiaire d'un centre d'oscillation B à un levier coudé comme dans toutes les romaines de pression. L'une des branches de ce levier agit sous l'influence de la manette *b*. Cette disposition, moins la romaine qui est remplacée par le poids propre des cylindres cannelés, existe dans la machine américaine de Woodbury de Boston, exposée à Londres en 1851. Les cylindres inférieurs sont fixes. Entre chaque couple de cylindres, sur les arbres B et B', sont placées des roues *r r'* engrenant entre elles et chacune avec deux autres roues dentées portées par les cylindres.

La roue *r'* reçoit son mouvement de rotation d'une roue calée sur le même arbre et engrenant avec une vis sans fin. Il est facile de voir que le centre d'oscillation des cylindres cannelés étant le même que le centre du pignon *r*, l'engrènement de ce pignon avec les roues dentées des cylindres cannelés aura toujours lieu quelle que soit la position de ces derniers.

L'arbre de la vis sans fin porte une roue d'angle engrenant avec une seconde roue portée par un arbre qu'une courroie met en relation avec l'arbre de commande.

Des deux porte-outils destinés au travail des faces de la planche, l'un E, placé au-dessous est fixe, l'autre est mobile et peut s'élever ou s'abaisser suivant l'épaisseur du bois, à l'aide de deux vis conjuguées, commandées par un arbre horizontal muni d'une manette, ainsi que nous l'avons déjà vu pour d'autres machines. Entre les deux porte-outils dont nous venons de parler sont placées les toupies FF', dont l'une mobile peut s'écarter ou se rapprocher à volonté de l'autre, à l'aide d'une vis *v*, suivant les largeurs des planches.

Enfin, des organes presseurs HH, JJ, servent à maintenir la planche latéralement et sur les faces supérieures.

Cette machine présente d'abord une disposition mauvaise qui consiste en ce que les supports des paliers de l'arbre du porte-outil supérieur ne sont pas solidaires.

Il peut arriver, dans ce cas, que la position de l'un des supports varie, ce qui détermine un coincement inévitable.

Nous ne reviendrons pas sur l'inconvénient que présente un plateau inférieur au lieu des romaines à contre-poids placées sous la main.

Enfin, les outils des toupies sont montés sur pointes au lieu d'être placés à l'extrémité de l'arbre qui les porte. Cette disposition ne permet pas d'atteindre l'outil, pour en changer les lames, aussi facilement que lorsqu'il est monté sur collets.

Du reste, la parqueteuse de MM. Schmaltz frères nous a paru dans de bonnes conditions d'exécution.

Ces constructeurs ont, parmi d'autres machines, exposé une autre toupie qui ne présente rien de remarquable. Cette machine est bien entendue surtout en ce qui concerne les organes presseurs.

Les constructeurs américains, dont l'esprit inventif est des plus remarquables, n'ont exposé aucun outil à raboter que nous devions citer. Toute la place dont nous pouvons disposer doit être consacrée aux trois machines suivantes: une machine à tourner, une machine à faire les fonds de tonneaux, et une machine à faire les queues-d'aronde.

Nous ne nous occuperons ici que de la première, les outils des deux autres étant des scies et appartenant à la dernière classe que nous devons examiner.

Le tour américain est un outil tout nouveau et des plus remarquables. Il est destiné surtout à la fabrication des bâtons de chaise et d'autres pièces analogues. (fig. 6, pl. 104.)

On place entre les fourches un morceau de bois auquel on a préalablement donné la forme carrée. Un ciseau en forme de rabot à lunette lui donne la forme ronde et cylindrique, tandis qu'un couteau, auquel on a donné le profil qui doit être reproduit sur le bois, placé en biais dans un plan vertical tangent à la surface du bois, se meut verticalement et de haut en bas, de manière à approcher chaque point de son biseau de la circonférence du bâton. Il suffit donc d'abaisser le couteau d'une quantité égale à la différence du niveau de ses deux extrémités pour obtenir une pièce présentant le profil complet qu'on a donné à la lame.

On arrive de cette manière à faire, en quelques secondes, un travail qui, pour le moins, eût exigé autant de minutes par les procédés employés actuellement.

Le couteau doit, il est vrai, coûter fort cher, mais aussi son emploi doit donner lieu à des résultats grandement rémunérateurs, surtout quand on a une grande quantité de bois profilés à produire sur le même modèle. Ajoutons qu'on peut reproduire, sans tâtonnement aucun, des profils exactement semblables.

Notre compte rendu, en ce qui concerne les machines appartenant à la section anglaise, sera bref, car, à une exception près, il ne nous a pas été possible d'obtenir des renseignements.

Avant d'aborder l'examen de ces machines, nous devons déclarer que le travail qu'elles font à l'Exposition ne peut en rien éclairer sur la qualité de leurs produits. Les bois sur lesquels elles opèrent sont des bois de choix ne présentant que le moins d'obstacles possibles à l'action de l'outil. Or, ce dernier ne peut être jugé, ainsi que la machine qui le met en mouvement, que lorsqu'ils agissent sur des bois courants présentant des nœuds, dont les fibres remontent les unes sur les autres et sont dirigées dans les sens les plus variés et souvent dans des plans différents de celui du rabotage. Des renseignements exacts, tels que nous les ont toujours donnés les honorables industriels dont nous avons examiné les machines jusqu'ici, étaient donc de la plus grande nécessité; malheureusement ils nous ont manqué.

L'observation précédente, relative au bois mis en œuvre par les exposants anglais, s'applique aussi aux exposants américains.

Nous citerons tout d'abord la machine à raboter de MM. Samuel Worssam, King's Road, Chelsea, à Londres.

Cette machine est de forme excessivement gracieuse, son agencement parfaitement entendu et son exécution excellente.

Elle se compose d'un bâti en fonte A (fig. 7, pl. 104), horizontal, sur lequel se meut le chariot, et d'un second bâti vertical B, réuni au premier à l'aide de boulons. Le second bâti vertical porte le plateau du porte-outil *a;* ce dernier s'élève ou s'abaisse à l'aide d'une seule vis mue par un volant à main *e*. En *r* et R sont les rouleaux lisses de pression et la romaine qui les commande.

Le bois est assujetti avec des crampons à vis et écrous dont le serrage a lieu par manivelle.

Le bâti A porte, à l'une de ses extrémités, un arbre horizontal *d* qui commande la poulie fixée sur l'arbre du porte-outil, et une seconde poulie calée sur un second arbre *e* placé vers le milieu du bâti. De l'arbre *e*, le mouvement est transmis à un troisième arbre *c* placé à l'extrémité du bâti sur lequel sont placées les poulies portant les courroies de l'aller et du retour. La première de ces courroies est à brins parallèles, la seconde à brins croisés. Le même système de fourchettes fait passer l'une ou l'autre de ces courroies sur la poulie folle, aux changements de sens du mouvement, en même temps qu'il donne une vitesse plus grande au retour.

Les fers placés sur le porte-outils, qui est rectangulaire, sont au nombre de quatre, dont deux droits.

Les deux autres fers sont légèrement inclinés sur l'horizontale de façon à prendre le bois en sifflet.

Il résulte de cette disposition que les fers ont une légère courbure. Nous pensons que l'avantage que cette forme peut offrir, au point de vue de la facilité du rabotage, n'est pas compensé par la difficulté de l'affûtage.

Cette machine est, comme nous l'avons dit, parfaitement étudiée, et son prix, qui varie entre 3,700 et 6,000 francs, suivant les longueurs, est loin d'être exagéré.

M. Worssam a exposé près de sa raboteuse une machine, dite machine universelle, à moulures en relief ou en creux.

Cette machine se compose de deux outils, une toupie ordinaire et une défonceuse. Cette dernière b (fig. 2 et 4, pl. 104), portée à la partie supérieure du bâti A, est fixée sur un plateau pouvant glisser verticalement sur le bâti à l'aide de la vis v mue par le volant à main m. On approche l'outil du bois à travailler à l'aide du levier l sur lequel réagit le ressort à boudin r. Le plateau et le porte-outil sont ainsi équilibrés. La tige du porte-outil est mise en mouvement par une courroie s'enroulant sur un tambour monté à l'extrémité supérieure d'un arbre vertical p qui est l'arbre de commande. Le plateau c, destiné à porter le bois (cette particularité doit être notée), ne peut recevoir qu'un mouvement de va-et-vient rectiligne dans le plan horizontal.

Au-dessous de la défonceuse, est placée la toupie commandée par le même arbre p et ne différant en rien de la toupie ordinaire. Pour s'en servir, on doit préalablement enlever le plateau c qu'on remplace par une table.

Cette machine, comme la première, présente des proportions bien étudiées. Tout y est traité avec ce soin qu'apportent en général les constructeurs anglais dans leurs œuvres. Mais elle est une nouvelle preuve que les machines à plusieurs fins n'ont pas de raison d'être.

Les outils ne peuvent travailler à la fois, la défonceuse au centre de la pièce et la toupie latéralement. Une toupie ordinaire peut donc faire l'ouvrage de ces deux outils, et cela avec d'autant plus de raison que le plateau destiné à porter le bois, lorsque la défonceuse travaille, n'est susceptible de prendre qu'un mouvement dans le plan horizontal.

Ajoutons qu'elle est d'un prix fort élevé (3375 francs).

Le même constructeur a encore exposé une machine dite menuisier universel, à l'aide de laquelle on peut scier, faire les mortaises, les tenons et moulures. Nous ne reviendrons pas sur ce que nous avons dit à l'égard de ce genre de machines. Ajoutons seulement que le même arbre qui porte la scie circulaire, la mèche et le fer à moulures, ne peut passer d'une vitesse de 1000 tours par minute, nécessaire au bon fonctionnement de la scie circulaire, à une vitesse de 3000 et 4000 tours par minute qu'exigent la mèche et l'outil à faire les moulures.

M. Charles Powis a exposé une machine à faire les moulures sur le plat.

Tous les outils, ainsi que les cylindres presseurs, sont placés en porte-à-faux, d'un côté du bâti qui a la forme quadrangulaire; de l'autre côté du bâti sont placés les organes de commande. Cette disposition présente un grand avantage, c'est que tous les organes de la machine sont en vue et parfaitement accessibles. L'inconvénient du porte-à-faux n'a pas d'importance puisque la machine n'est destinée qu'à pousser des moulures sur des pièces de petites dimensions. La machine est d'ailleurs parfaitement traitée; mais quelle est sa raison d'être? Nous ne voyons pas la nécessité pour un atelier de menuiserie de posséder une moulurière spéciale, puisque toutes les machines à raboter font la moulure en adaptant les fers convenables au porte-outil.

Nous citerons encore une parqueteuse (machine à quatre outils) exposée par MM. Thomas Robinson et fils. Cette machine a la plus grande analogie avec celle de MM. Schmaltz frères, dont nous avons donné la description. La disposition des cylindres cannelés oscillant autour d'un point fixe est la même; la pression qu'ils exercent est déterminée par un plateau recevant les poids et placé à la partie inférieure de la machine comme dans la parqueteuse allemande; enfin, les outils latéraux sont montés sur pointes; en sorte que les observations que nous a suggérées l'examen de la machine de MM. Schmaltz peuvent s'appliquer à celle de MM. Thomas Robinson.

Ajoutons cependant que le montage des lames sur les porte-outils est d'une complication fort peu pratique.

Ici se termine notre examen des machines destinées à couper le bois en le corroyant. Nous allons maintenant nous occuper de la seconde classe de machines indiquée dans notre premier aperçu historique, celle des machines qui entament le bois par percussion ou en le perçant.

Machines dont les outils attaquent le bois par percussion ou en le perçant.

Ces machines sont d'une origine plus récente que les machines à raboter. Nous n'avons pu nous procurer les renseignements nécessaires pour déterminer cette origine, ce qui n'a pas d'importance au point de vue des progrès accomplis, car les outils dont on s'est servi tout d'abord ont encore leur emploi actuellement.

Les machines à mortaiser peuvent se diviser en trois classes. La première est composée des machines dont l'outil est en forme de burin présentant trois tranchants et ne peut servir que lorsqu'on a préalablement percé un trou dans la mortaise, en son milieu [1].

Le burin, animé d'un mouvement rectiligne alternatif, agit sur la moitié de la longueur de la mortaise ; on le retourne pour terminer la seconde moitié.

La machine à percer peut être indépendante, et c'est même la disposition qu'avaient généralement adoptée les constructeurs aux expositions de 1851 [2] et de 1855. Une seule machine, dite machine jumelle, construite à Graffenstaden, faisant partie de cette dernière exposition, portait à la fois deux outils percusseurs. Les dispositions adoptées pour cette machine sont encore, pour la plupart, celles qu'on remarque dans les machines actuelles appartenant à la classe dont nous nous occupons. Les machines dans lesquelles les outils sont séparés donnant lieu à une grande perte de temps, on ne construit plus que des machines jumelles réunissant la mèche et le bec-d'ane. M. Périn est l'un des premiers, peut-être le premier, qui ait adopté cette disposition.

La seconde classe des machines à mortaiser est composée des machines dans lesquelles la mèche, animée d'un mouvement mécanique de rotation, reçoit en outre un mouvement de translation à la main. Dans le premier mouvement, cet outil, disposé en forme de gouge tranchante sur ses arêtes, perce le bois à des profondeurs de plus en plus grandes, jusqu'à ce qu'il ait atteint la profondeur de la mortaise, en même temps qu'il enlève des copeaux se renouvelant successivement par le second mouvement qui lui est imprimé.

Lorsque les couches de bois ont été ainsi enlevées jusqu'à celle qui forme le fond de la mortaise, l'outil percusseur la termine à ses deux extrémités qui, sans cela, resteraient demi-circulaires.

Enfin, et ce dernier outil est récent, au lieu d'enlever le bois par couches successives, on peut faire pénétrer la mèche du premier coup jusqu'au fond de la mortaise, en sorte qu'une seule course rectiligne de l'outil de la longueur de la

1. Remarquons qu'il est préférable que le trou soit d'abord percé à l'extrémité de la mortaise, car l'on n'a de cette façon qu'à équarrir cette extrémité et à retourner de suite l'équarrisseur qui termine l'ouvrage en une seule course de la pièce. On évite ainsi la perte de temps occasionnée par une certaine partie de la course en sens contraire pendant laquelle l'outil ne travaille pas.

2. Les mortaiseuses n'étaient pour ainsi dire pas connues en 1851, car nous n'avons entendu parler que d'une seule de ces machines qui fût à l'exposition anglaise ; c'est celle de M. Furness de Liverpool.

mortaise est alors nécessaire. Ce dernier résultat est obtenu à l'aide de mèches à filets héliçoïdaux tranchants sur leurs arêtes ou hélices extérieures.

L'emploi de ces dernières mèches paraît, tout d'abord, devoir éviter une grande perte de temps ; néanmoins, nous pensons qu'il n'est pas pratique dans le percement de mortaises d'une petite largeur mais d'une grande profondeur.

L'effort que doit exercer l'outil est alors trop considérable eu égard à son diamètre, et la mèche doit casser.

Deux inventeurs ont exposé ou se servent de ces mèches à filets hélicoïdaux; ce sont MM. Hamelle et Guilliet. La différence entre ces deux types d'outils ne nous a pas paru sensible. Ils ne diffèrent que par l'inclinaison de leurs filets, et leur travail ne nous a pas paru varier d'une façon notable. Nous donnons à la planche 92, fig. 9 et 10, les projections horizontales de ces mèches.

Nous trouvons dans la classe 54 deux mortaiseuses construites par M. Périn, dont l'une porte un outil percusseur, et l'autre une mèche. (Pl. 90 et 92.)

Le bâti de la première de ces machines, destinée à la menuiserie [1], peut se diviser en deux parties : l'une mobile A' (fig. 3 des pl. 90 et 92), destinée à porter le bois à travailler; l'autre A portant les outils et les organes qui les mettent en mouvement.

La partie A porte un arbre horizontal *a* recevant la commande à l'aide des poulies P, P. A l'une de ses extrémités, le même arbre porte un volant V; à l'autre, un plateau-manivelle commandant une bielle imprimant un mouvement de va-et-vient vertical à un plateau *b*, glissant sur le bâti A. Sur ce dernier plateau, peut glisser un second plateau fixé au porte-outil du bec d'âne à trois tranchants [2], afin de pouvoir augmenter ou diminuer la course de ce dernier.

Le porte-outil doit, nous l'avons dit, pouvoir être retourné. A cet effet, il forme douille autour de la tige qui le porte et sur laquelle est placé un verrou c pouvant entrer, pour chaque position de l'outil, dans des encoches pratiquées sur la douille du porte-outil. On n'a donc, pour retourner le ciseau, qu'à lever le verrou, à tourner la douille à l'aide du petit appendice *c*, et le verrou se replace de lui-même, à l'aide d'un ressort, dans la nouvelle encoche qui est en regard.

A côté du bec d'âne à trois faces, se trouve la mèche à percer. Celle-ci est une tarière ordinaire, et la tige qui la porte reçoit son mouvement de rotation à l'aide d'une roue d'angle dont elle est munie engrenant avec une deuxième roue d'angle calée sur un arbre horizontal placé sur le bâti A, et portant les poulies *p*, *p* pour recevoir la commande. Afin de permettre à l'outil de s'élever ou de s'abaisser tout en recevant son mouvement de rotation, la roue d'angle calée sur sa tige est à rainure, tandis que celle-ci porte une languette. Le mouvement d'élévation ou d'abaissement, pour approcher l'outil de la pièce, est obtenu à l'aide du volant à main *m*, des roues *o*, *q*, et de la vis S.

La partie A' du bâti est mobile verticalement à l'aide d'une vis qui la fait mouvoir et qui est commandée par le volant à main *v*. On obtient ainsi l'ouverture sous l'outil que peuvent nécessiter les plus grosses comme les plus faibles pièces. A sa partie supérieure, le bâti A' porte deux plateaux dont le premier peut recevoir dans le plan horizontal un mouvement parallèle à la longueur de la pièce, ou, si l'on veut, suivant la ligne sur laquelle sont placées les mortaises. Ce mouvement peut s'obtenir à l'aide du volant-manivelle *m*, dont l'arbre

1. On remarquera qu'il en est de même pour toutes les machines à outil percusseur. Il faut en effet, quand on se sert de cet outil, que la pièce soit très-solidement assujettie, ce qui n'est facile à obtenir que lorsque la pièce présente des faces planes régulières.

2. Deux de ces tranchants forment les joues du premier.

porte une roue d'angle engrenant avec une seconde roue d'angle formant la tête d'une vis longitudinale tournant dans un écrou adapté au plateau. Le second plateau peut recevoir, dans le même plan que le premier mouvement, un second mouvement perpendiculaire au premier et destiné à placer le bois sous l'action de l'outil, dans le sens de la largeur de la mortaise. Enfin un frein vient s'appliquer sur le volant V, à l'aide d'une pédale qui fait passer en même temps la courroie sur la poulie folle P.

Cette machine, du prix de 800 francs, est parfaitement traitée; mais ce qui nous paraît surtout devoir attirer l'attention, c'est la facilité avec laquelle s'opère la manœuvre qui consiste à élever ou à abaisser les bois. Cette facilité résulte de ce que la table est mobile et non l'outil, comme dans certaines machines que nous examinerons tout à l'heure; en sorte que le volant-manivelle qu'il faut tourner se trouve sous la main.

Si l'agencement de cette machine ne laisse rien à désirer, il n'en est pas de même de sa forme qui n'est pas heureuse.

La seconde machine à mortaiser, exposée par le même constructeur, est la machine la plus utile, la plus rapide et la plus économique dont on puisse se servir pour les bois de charpente. Elle ne porte qu'une mèche qui peut être en forme de gouge ou à filets hélicoïdaux.

Il n'est pas nécessaire pour l'assemblage du bois de charpente que les mortaises soient équarries à leurs extrémités, en sorte que la machine dont nous nous occupons est simple, n'ayant pas besoin d'être munie d'un équarrisseur. Nous pensons même qu'on arrivera tôt ou tard à débarrasser toutes les machines à mortaiser de ce dernier outil qui n'ajoute rien à la solidité de l'assemblage.

Le bâti de la machine à mortaiser les bois de charpente est formé de deux parties séparées: l'une A (pl. 108, fig. 1 et 2) destinée à porter le porte-outil et les organes qui le mettent en mouvement; l'autre partie A' est celle sur laquelle est placé le bois. Le bâti A porte un premier plateau *a* susceptible de prendre un mouvement parallèle à la longueur de la pièce. Ce mouvement est obtenu à l'aide d'un levier à poignée *p* qui, par un second levier coudé dont l'une des branches est fixée au plateau *a*, agit sur ce dernier; le plateau *a* porte un second plateau *b* qui reçoit un mouvement perpendiculaire au premier, c'est-à-dire dans le sens transversal à la pièce, à l'aide d'une vis tournant dans un écrou fixé à ce plateau et mue par la manette *m*. Enfin, sur ce second plateau, on en a fixé un troisième *c*, qui reçoit un mouvement vertical à l'aide de la manette *m'*. C'est sur ce troisième plateau qu'est placé l'arbre *d* du porte-outil. Celui-ci peut donc se mouvoir suivant trois axes rectangulaires entre eux et commencer à attaquer sur n'importe quel point de l'espace, ce qui permet de faire des mortaises dont les trois dimensions ne sont bornées que par les courses des plateaux.

L'arbre du porte-outil est muni d'une bobine qui reçoit directement la courroie de commande.

La pièce à travailler est mise sur un chariot en bois, muni d'une crémaillère et placé sur des rouleaux qui tournent librement dans leurs tourillons que supportent des tréteaux en fonte. La pièce de bois étant d'un poids assez considérable et le travail de la mèche donnant lieu à de très-faibles réactions, il n'est pas besoin que le chariot soit autrement assujetti. La crémaillère est commandée par des volants, munis de manettes qui, avec la manette *m* permettant d'approcher l'outil de la mortaise, sont seules en jeu pendant le travail. Le levier *p* sert à mettre l'outil en présence du point où doit être percée une nouvelle mortaise lorsque celle qui la précède est terminée.

Cette machine est complétée par une enlaceuse ou tarière *t* destinée à percer les trous qui doivent recevoir les chevilles d'assemblage des tenons et mortaises. Cette adjonction fait de la machine dont nous nous occupons l'outil le plus utile, le plus économique et le plus complet que nous connaissions. Cette machine coûte 3800 francs avec l'enlaceuse et le chariot de 4 mètres.

Nous citerons une troisième machine construite par M. Périn, et destinée aux bois de menuiserie. Elle est horizontale et remarquable en ce que l'équarrisseur n'a pas besoin d'être retourné et que le mouvement du plateau qui porte le bois est parfaitement rectiligne, grâce à une combinaison de leviers et de douille excessivement ingénieuse. Le bâti (pl. 92, fig. 1 et 2) porte deux outils, une mèche à mortaiser et un équarrisseur. L'arbre de la mèche à mortaiser est muni d'une bobine pour recevoir son mouvement de rotation de la commande. Cet arbre *a* est porté par un plateau qui peut glisser sur le bâti dans le sens transversal à la pièce à mortaiser. Une manivelle *c* oscillant autour d'un point fixe, placé sur le bâti, sert à approcher la mèche du bois. La manette sert à limiter la course de la manivelle *c*. Près de la mèche est placé l'équarrisseur qui n'est autre qu'un bec-d'âne à deux tranchants parallèles *e* et perpendiculaires à la face du bois, sur laquelle est pratiquée la mortaise. L'absence des joues en retour n'empêche pas un équarrissage tout à fait suffisant. Le bec-d'âne est mis en mouvement à l'aide du levier *l*.

Le bâti est muni d'une table mobile *t* qui porte le bois et reçoit un mouvement d'élévation ou d'abaissement suivant l'emplacement de la mortaise à percer, à l'aide d'une vis verticale et d'un volant V. Sur cette table glisse un plateau qui reçoit un mouvement parallèle à la longueur de la pièce, à l'aide du levier L qui fait mouvoir autour de l'axe horizontal *o* la tige *t*. Sur cette tige glisse une douille *n* en bronze qui est coudée, et dont la branche s'articule en *q* avec une saillie méplate fixée au plateau *f*. Il est facile de voir que ce plateau recevra un mouvement rectiligne.

Cette machine dont le prix est de 600 francs est bien faite et d'un bon emploi.

Nous trouvons dans la même classe une machine à mortaiser de M. Gérard.

Cette mortaiseuse ne porte qu'un outil qui est une gouge. Celle-ci est montée sur un arbre horizontal *a* (fig. 6, Pl. 90), muni de bobines pour recevoir la courroie de commande. L'arbre *a* est placé sur un plateau pouvant recevoir deux mouvements rectangulaires dans le plan horizontal et le plan vertical. Le premier de ces mouvements, qui sert à approcher l'outil de la mortaise à percer, est obtenu à l'aide d'un pignon mû par une manivelle à poignée *m* et engrenant avec la crémaillère *c*. Le second mouvement s'obtient en tournant un volant qui commande une vis; on peut de cette manière élever ou abaisser l'outil suivant la largeur que doit avoir la mortaise. Tous ces organes sont montés sur un bâti en fonte A.

Perpendiculairement à ce dernier, est placé le bâti A', qui porte le plateau sur lequel est mis le bois à travailler. Ce plateau peut recevoir un mouvement de va-et-vient dans le sens de la longueur de la pièce à l'aide de la crémaillère *c'*, d'un pignon et du levier *m'*.

Cette machine présente une disposition spéciale, qui consiste en ce que les leviers *m* et *m'* peuvent être enlevés de l'arbre du pignon lorsqu'on est arrivé à bout de course, et être replacés dans le sens voulu pour continuer le mouvement des crémallières dans le même sens.

Cette machine est d'un prix peu élevé et elle est assez bien traitée comme exécution.

Le changement des leviers à main nous paraît devoir amener une certaine perte de temps et ne nous paraît pas utile, surtout en ce qui concerne le mouvement du plateau sur lequel est placé le porte-outil.

Dans la section allemande, nous mentionnerons d'abord une machine à mortaiser de M. Zimmermann de Chemnitz, qui attire l'attention par sa bonne construction et ses formes parfaitement étudiées ; de plus, cette machine est munie d'un mouvement automatique d'avancement du bois.

Nous considérons deux parties dans le bâti : l'une A (fig. 7, Pl. 90), destinée à porter les outils qui sont une perceuse et une tarière ordinaire et un bec-d'âne; l'autre A' destinée à porter le bois.

Le bâti A porte l'arbre horizontal de commande *a* muni à son extrémité d'un plateau manivelle. Le plateau qui porte le ciseau reçoit un mouvement de va-et-vient vertical à l'aide d'une bielle adaptée au bouton de manivelle.

La perceuse reçoit son mouvement de rotation par l'intermédiaire d'un arbre horizontal *b*, qui porte la poulie de commande. Cette poulie est formée de cônes étagés pour imprimer à l'outil différentes vitesses. La tige du porte-outil et le porte-outil lui-même sont équilibrés à l'aide du poids P. On éloigne ou on approche l'outil de la pièce à travailler à l'aide du volant *v*, sur l'arbre duquel est calé un pignon, et de la crémaillère *c*.

La partie A' du bâti porte deux plateaux, dont l'un *d* pour glisser dans le sens de la longueur de la mortaise à percer à l'aide du volant *g* qui commande une crémaillère fixée audit plateau, tandis que l'autre plateau *d'*, porté par le premier, peut prendre un mouvement dans le même plan horizontal que le premier mouvement et dans le sens de la largeur de la mortaise. Ce va-et-vient du plateau *d'* est obtenu à l'aide du volant *e* et de la vis *f*.

Pour obtenir le mouvement automatique du plateau *d*, l'arbre *a* porte une rainure ondulée *r*, dans laquelle glisse l'extrémité d'un levier qui reçoit ainsi un mouvement d'oscillation autour d'un point fixe à chaque tour de l'arbre *a*. Ce levier, commande, par une série d'autres leviers, le levier *l* terminé par un cliquet qui commande une roue à rochet R.

On voit par ce qui précède que l'ouverture nécessaire pour le passage du bois sous l'outil percusseur n'est pas obtenue à l'aide d'un mouvement vertical des plateaux qui portent la pièce. C'est le ciseau lui-même qui est animé de ce mouvement à l'aide d'un volant *i* placé à la partie supérieure du bâti A, et commandant une vis fixe tournant dans un écrou adapté au plateau du porte-outil. Ce plateau porte une rainure qui permet à l'extrémité de la bielle *b'* de lui imprimer son mouvement de va-et-vient, quelle que soit sa position.

Cette machine, du prix de 2150 fr., donne lieu à une remarque importante et qui s'applique à la majeure partie des mortaiseuses qu'il nous reste à examiner.

L'emplacement du volant *i* rend la manœuvre qui doit permettre au bois de passer sous l'outil fort incommode. Placé à la partie la plus élevée du bâti, cet organe est difficilement atteint. Il ne peut en être autrement dans ce système du mouvement vertical du ciseau qu'en ajoutant à la machine des organes de renvoi. Il est bien plus simple de faire mouvoir le bois dans le sens vertical; dans ce cas, l'organe à l'aide duquel on imprime ce mouvement se place sous la main et il est facile à atteindre.

Quant à l'application du mouvement automatique qui doit élever le prix de la machine, nous pensons qu'elle est complétement inutile. Il faut en effet que l'ouvrier déploie autant d'attention pour que l'action de l'outil soit renfermée dans les limites tracées par les dimensions de la mortaise que s'il imprimait lui-même le mouvement nécessaire à la pièce de bois. Cette adjonction du mouvement automatique n'a dont pas de valeur pratique.

Nous citerons encore du même constructeur une machine à tailler les tenons et queues d'aronde qui nous a paru ingénieusement disposée.

L'outil de cette machine est une mèche conique tranchante sur ses arêtes. Les mèches sont au nombre de trois, placées à la partie supérieure du bâti sur trois arbres horizontaux munis chacun d'une bobine pour recevoir leur mouvement de rotation de l'arbre de commande.

Le bois est placé horizontalement sur un plateau qui peut recevoir un mouvement de va-et-vient à l'aide d'une vis fixe commandée par une série de roues dentées, dont la dernière porte une manivelle qui s'engage dans un cran chaque fois que les outils doivent agir.

Nous présenterons plus tard, à propos d'une machine nouvelle à tailler les queues d'aronde, des considérations sur l'utilité de cette assemblage.

Nous devons mentionner dans la même section une machine horizontale à mortaiser exposée par MM. Gschwindt et Zimmermann de Carlsruhe.

Le bâti de cette machine est en fonte et rectangulaire. A sa partie inférieure est placé l'arbre de commande *a* (fig. 5, pl. 92), qui porte à l'une de ses extrémités les poulies, dont l'une folle, recevant la courroie destinée à le mettre en mouvement. A l'autre extrémité, est placée la poulie *p* qui transmet le mouvement de rotation à un pignon denté *b*, qui sert en même temps de plateau-manivelle. En son milieu, l'arbre *a* porte un tambour *t* sur lequel passe la courroie qui s'enroule sur une bobine *c* portée par l'arbre de la mèche *g*. Tous les organes de la machine sont portés par un plateau mobile *d*, qui peut glisser sur la partie supérieure du bâti à l'aide de la manivelle *m* et dans le sens de la longueur de la mortaise à percer. Pour obtenir ce dernier mouvement, la manivelle vient s'adapter sur un arbre horizontal *f* tournant à ses deux extrémités dans de petites chaises attenant aux montants du bâti. Cet arbre *f* porte en son milieu une bielle articulée à une seconde bielle dont l'extrémité est fixée au plateau *d* et détermine son mouvement.

Sur le plateau-manivelle *b* vient s'adapter une bielle *e* dont l'une des extrémités s'engage dans un coulisseau. Ce dernier glisse dans une rainure *h* dans laquelle on le fixe à volonté suivant l'amplitude qu'on veut donner au mouvement alternatif.

La rainure est pratiquée dans un support *i* sur lequel est placé le bec-d'âne destiné à équarrir la mortaise faite par la mèche. Un petit appendice *q* permet de retourner le ciseau pour équarrir les deux extrémités de la mortaise.

Cette machine est très-gracieuse de forme, d'une exécution soignée et doit rendre des services réels. Nous pensons cependant que le plateau destiné à porter le bois ne présente pas une résistance assez grande à l'action de l'outil percusseur. Cet inconvénient est, du reste, général pour toutes les machines à mortaiser horizontales.

Nous ne voyons dans les sections anglaise et américaine rien qui doive être mentionné. Dans la section anglaise, les machines à mortaiser ont une grande analogie avec la machine que nous avons décrite exposée par M. Zimmermann. Elles possèdent même le mouvement automatique qui, du reste, vient des Anglais. Elles sont basées sur le même système, qui consiste à donner l'ouverture nécessaire au passage du bois sous l'outil, en faisant mouvoir verticalement ce dernier et non le plateau sur lequel le bois est placé. Nous ne reviendrons pas sur ce qui a été dit à ce sujet.

L'une des machines à mortaiser exposées par MM. Powis, James et Cie, présente l'application de ce qui a été dit précédemment. Jugeant comme nous que la manœuvre de l'élévation et de l'abaissement de l'outil était difficile en tournant un volant placé à la partie supérieur de la machine, il a disposé un arbre horizontal portant à l'une de ses extrémités un volant à main, et à l'autre extrémité une roue d'angle engrenant avec une seconde roue d'angle portée par l'arbre fileté qui fait mouvoir le plateau du porte-outil.

Si, abandonnant complétement le système du mouvement vertical de l'outil, M. Powis eût obtenu l'ouverture nécessaire au passage du bois par le mouvement du chariot, il eût évité l'emploi de cet arbre horizontal de renvoi et n'eût eu besoin que d'un volant porté par une vis.

On rencontre dans la section anglaise beaucoup de machines à faire les tenons, à l'aide de deux ciseaux parallèles adaptés à la même tige et dont le mouvement de percussion s'opère à la main par l'intermédiaire d'un levier à contre-poids. Ce genre de machines n'offre rien de pratique, et les constructeurs ne sauraient en trouver l'emploi en France.

Nous revenons à la machine à raboter de M. Dietz (Pl. 93), dont nous avons promis précédemment de donner la description.

Cet appareil fonctionne avec une grande rapidité et donne un travail excellent. — La fig. 1 représente une coupe longitudinale de la machine faite suivant la ligne brisée III. N de la fig. 2. La fig. 2 donne le plan de toute la machine. La poulie motrice *a* est solidaire avec le tambour A. Les pièces de bois placées sur le tréteau à longrines (ces longrines mesurent 13^{m},20) sont entraînées par l'action d'un toc et d'une chaîne de Galle B.

La figure 3 donne, en élévation, un rabot complet, garni de ses deux séries de quatre lames.

La fig. 4 représente la vue transversale de la partie extérieure de ce rabot, prise suivant la ligne K L.

La figure 5 indique bien la forme du noyau sur lequel sont montées les lames, 1' à 4', qui se projettent en lignes ponctuées sur cette vue en bout.

Les deux séries de lames sont respectivement montées sur les deux tourteaux juxtaposés et séparément représentés par les figures 4 et 5 que l'on vient d'indiquer.

Tous les rabots ont les mêmes dimensions : 0,40 de longueur, sur un diamètre de 0,22.

Nous allons maintenant aborder la troisième classe des outils à travailler le bois, celle qui comprend les outils à scier.

MACHINES-OUTILS

A TRAVAILLER LE BOIS

Pl. 94, 199, 204, 205, 206, 207.

Nous ferons précéder notre aperçu historique sur les scieries mécaniques de quelques considérations théoriques sur l'outil proprement dit.

Les tranchants des outils qui travaillent le bois en le corroyant étant formés, comme nous l'avons dit précédemment, d'une série de dents extrêmement fines, on comprend facilement que leur action peut être rendue plus rapide pour le débitage du bois en augmentant les dimensions des dents dont ils sont formés. On obtient alors cet outil si connu et si ancien qu'on nomme la *scie*. Les lames de scie sont en acier laminé trempé dur et détrempé ensuite à chaque extrémité, afin d'empêcher qu'elles ne cassent aux endroits où elles cessent d'être pincées par la monture. Les dents de la scie agissent comme des rabots étroits, et chacune d'elles suit le sillon tracé par l'une des dents précédentes. Mais si les dents étaient toutes placées dans le plan de la lame dont la largeur et l'épaisseur sont uniformes, il s'ensuivrait un frottement considérable de la lame contre le bois. C'est pour éviter ce frottement et loger en même temps la sciure, que l'on a dévié les dents alternativement à gauche et à droite, ce que l'on appelle donner de la *voie*. Celle-ci varie avec la dureté des bois que l'on travaille; elle est, en outre, beaucoup plus grande lorsque le trait de scie doit être courbe, comme avec la scie à *chantourner*, que lorsqu'il doit être rectiligne. La voie doit être alors la plus grande possible, en restant toujours moindre que le double de l'épaisseur de la lame. La voie est encore plus large, lorsque la scie doit travailler des bois tendres, que lorsqu'il s'agit de débiter des bois durs.

La forme des dents varie suivant que la scie doit travailler dans un seul sens ou dans les deux sens; elles ne sont pas symétriques dans le premier cas, dont la scie de menuisier fournit un exemple, et sont symétriques, en forme de triangle isocèle, dans le second cas, comme dans la scie de charpentier. Dans ce dernier genre d'outil, l'angle au sommet varie de 30° à 60°, tandis qu'il est de 45° environ dans la scie de menuisier. La denture est encore symétrique dans les scies à chantourner; les dents ont la forme d'un triangle équilatéral, et on les affûte avec le tiers-point perpendiculairement à la lame.

Lorsque le trait de scie est rectiligne, les dents doivent avoir la même saillie et la même voie, sans quoi quelques-unes seulement travailleraient, et l'usure serait inégale. Il n'en est plus de même pour les scies à chantourner, dans lesquelles les dents du milieu travaillent plus que les dents des extrémités; on donne alors aux lames dont le dos est uni et droit une courbure en arc de cercle dont la convexité est occupée par les dents.

Nous avons dit plus haut que la voie n'était pas seulement utile pour éviter le frottement de la lame contre le bois, et qu'elle permettait en outre de donner de la place à la sciure. Mais il arrive souvent que le volume ainsi laissé libre est insuffisant, surtout lorsque les bois sont tendres et que la pièce a une grande hauteur, comme dans le débitage du bois en grume. On laisse alors un vide entre les dents, et l'intervalle comprenant un vide et un plein se nomme le *pas* des dents.

Le calcul des dimensions des dents se fait de la manière suivante : Supposons que la scie avance par chaque coup de $0^{m},0025$, et que la hauteur de la pièce de bois à débiter soit de $0^{m},30$, la surface de sciage s correspondant à un coup de scie sera :

$$s = 300^{mm} \times 2^{mm},5 = 750 \text{ millimètres carrés.}$$

Admettons en outre que les dents qui travaillent dans une course simple soient au nombre de 20, ce qui donne 40 dents travaillant pendant une course complète comprenant l'aller et le retour, la surface de sciage s correspondant à une dent sera :

$$s = \frac{750}{40} = 19 \text{ millimètres carrés.}$$

D'un autre côté, le pas p est égal à $\frac{60^{c}}{40} = 1^{c},5$; et si l'on suppose que le pas est composé d'un plein et d'un vide égaux, la longueur de la dent sera $\frac{1^{c},5}{2}$ ou $0^{m},0075$.

Pour obtenir la profondeur des dents de la scie, il ne nous reste plus qu'à diviser la surface de sciage, 19 millimètres carrés, correspondant à une dent, par la longueur $0^{m},0075$ de cette dent ; on obtient ainsi $2^{mm},5$ pour la profondeur cherchée, en admettant que la sciure conserve le même volume que le bois ; mais comme ce volume devient trois à cinq fois plus grand, nous multiplierons la profondeur trouvée par 4, par exemple, et nous obtenons $0^{m},0025 \times 4 = 0^{m},01$ pour la profondeur définitive des dents de la scie.

L'épaisseur des lames est généralement de $0^{m},002$, et la voie de $0^{m},0035$ pour le débitage des bois tendres ; elle est de $0^{m},0025$ et $0^{m},003$ pour le débitage des bois durs.

Le travail moteur exigé par le mouvement de la scie étant 2, lorsque la sciure est mal logée, et 1,5 lorsque, au contraire, la sciure peut occuper librement son volume, il est important d'avoir une voie convenable pour chaque nature de course. Le travail exigé par le sciage étant, de plus, proportionnel au volume de la sciure produite, la voie doit être aussi petite que possible. Cette règle n'existe plus pour le sapin, et on donne dans ce cas une voie plus considérable à la scie.

La tension de la lame doit pouvoir se régler à volonté, aussi bien pour les scies à main que pour les scies mécaniques. Quant à sa longueur, elle doit être égale à la course augmentée de l'épaissseur de la pièce à débiter, ou plus grande que cette quantité. La course elle-même est théoriquement égale à l'épaisseur de la pièce ; mais, afin que toutes les dents se dégagent à chaque course et s'échauffent le moins possible, on fait la course plus grande que l'épaisseur du bois.

Nous terminerons ici ces données générales sur les conditions auxquelles doit satisfaire la scie, pour nous occuper de l'historique des machines à scier ou scieries mécaniques.

Les premières scieries mécaniques remontent à une époque déjà éloignée ; elles ont été établies tout d'abord dans les pays où l'abondance des bois nécessitait une grande rapidité dans leur travail, en même temps que de nombreux cours d'eau à grandes chutes rendaient facile l'application du travail mécanique et évidente l'économie qui en résulte. Ce fut donc dans les pays de montagnes, couvertes alors d'immenses forêts (il n'en est malheureusement plus ainsi), qu'on construisit les premières machines à scier. Le but qu'on se proposa tout d'abord fut naturellement d'obtenir par un moyen mécanique le mouvement de va-et-vient de la scie des scieurs de long; de là, les scieries mécaniques à mouvement alternatif qui longtemps furent les seules en usage. Destinées à un grossier travail, établies souvent par les ouvriers du pays, étrangers à l'art de la construction, encore peu développé, ces machines présentaient de grands défauts d'exécution, un agencement souvent naïf et une disposition générale à laquelle on a renoncé beaucoup plus tard. Cette disposition ayant pour but de transformer un mouvement circulaire continu en mouvement rectiligne alternatif, on employa le moyen qui se présenta à l'esprit de Newcomen lorsqu'il fit la première machine à vapeur : nous avons nommé le balancier. Celui-ci, oscillant autour d'un axe horizontal, était mis en mouvement par un arbre coudé auquel il était réuni à l'une des extrémités par une bielle, tandis que l'autre extrémité supportait, au moyen d'une seconde bielle, le châssis de la scie guidée dans son mouvement par des coulisseaux en bois. L'arbre coudé recevait son mouvement de rotation d'une roue hydraulique à peine ébauchée et tournant avec une très-grande vitesse. Enfin, le bois était porté par un grossier chariot s'avançant à chaque coup de scie et recevant son mouvement rectiligne horizontal par une corde qui s'enroulait sur un treuil commandé par une roue à rochet qu'un cliquet, mû par le châssis de la scie ou le balancier, faisait tourner. On trouve encore dans certains pays de montagnes, en Suisse surtout et même en France, de semblables scieries.

Ce n'est qu'en 1799, nos recherches du moins nous l'indiquent, que l'on pensa à substituer des lames de scie sans fin, c'est-à-dire à mouvement continu, aux lames de scies droites. La première de ces scies est une scie circulaire pour laquelle un sieur Albert prit un brevet en France, à l'époque que nous avons citée. Nous pensons cependant que la scie circulaire est antérieure à cette époque, car l'inventeur insiste plus sur la fabrication de la scie circulaire qu'on a été longtemps dans l'impossibilité d'obtenir avec de grandes dimensions, que sur la scierie proprement dite.

Le moyen que propose le sieur Albert consiste à établir d'abord un corps de scie en tôle de $0^{m},001$ d'épaisseur et d'un petit rayon. Sur toute la circonférence de ce cercle de tôle, il pratique une rainure dans laquelle s'assemblent à biseau des parties de secteurs circulaires aussi en tôle et dont les arcs extrêmes forment une même circonférence. Cette circonférence possède une rainure, comme le cercle en tôle, dans laquelle s'assemblent des parties de secteurs en tôle d'acier dont les arcs extrêmes forment une circonférence concentrique aux deux premières. C'est sur cette dernière circonférence que sont tracées les dents de la scie. Cette disposition permettait d'augmenter le diamètre de la scie en ajoutant des secteurs de tôle les uns aux autres, et une dernière rangée de secteurs en acier, formant la scie; le tout était soudé à l'étain.

La machine proprement dite se compose d'un bâti horizontal en bois, portant à l'une de ses extrémités deux forts montants verticaux sur lesquels sont placés les paliers ou plutôt, comme le dit l'inventeur, les poupées de l'arbre portant la scie. A l'une de ses extrémités, cet arbre porte la poulie de commande; en son milieu, une embase sur laquelle la scie est appliquée; des rondelles de cuivre sont placées contre la scie et serrées sur elle par un écrou. A l'autre extrémité, le même arbre porte un pignon qui, par une série de roues dentées, communique le mouvement à un arbre horizontal placé sous le bâti. Cet arbre porte un pignon qui engrène avec une crémaillère fixée au chariot. Celui-ci glisse dans des rainures pratiquées dans les longrines du bâti.

De 1799 à 1811, les scieries mécaniques ne paraissent pas avoir été l'objet de recherches suivies; ce n'est qu'à cette dernière date qu'un sieur Tschaggeny prit un brevet pour un *moulin-scie à manége propre à débiter les bois en planches de différentes épaisseurs*. La scierie pour laquelle cet inventeur prit un brevet, est une scierie à mouvement alternatif et se compose d'un balancier à chaînes, comme celui de la machine à vapeur de Newcomen, commandé par l'arbre moteur placé à la partie supérieure de la machine. L'arbre moteur porte des cames qui viennent soulever le balancier par l'intermédiaire de cinq dents placées sur ce dernier. A l'extrémité de la chaîne se trouve fixé le châssis porte-lames au nombre de quatre.

Le bois à débiter est placé dans une caisse, sur les parois latérales de laquelle sont fixés des rouleaux verticaux sur lesquels on place des coulisses. La pièce s'applique sur l'une des coulisses et elle est séparée de la seconde par des griffes dont la longueur varie avec la largeur du bois, et qui détermine une forte pression sur le bois et les coulisses. Le frottement de roulement est ainsi substitué au frottement de glissement; car il n'y a contact du bois avec la caisse que sur les rouleaux latéraux. Le mouvement d'avancement du bois est obtenu à l'aide d'une crémaillère fixée sur l'une des coulisses et engrenant avec un pignon calé sur un arbre horizontal qui porte, en outre, une roue à rochet, munie d'un déclic et commandée par un levier mis en mouvement par le châssis de la scie. Ce dernier est muni de plusieurs trous dans lesquels s'engage le levier commandant la roue à rochet, de façon à ce que l'on puisse varier à volonté la vitesse de l'avancement.

L'inventeur pensait que deux chevaux pouvaient mettre en mouvement cent vingt scies à la fois, ce qui nous paraît exagéré.

Ainsi qu'il est facile de le voir, cette scierie présentait de grands inconvénients en dehors de la disposition générale, c'est-à-dire de l'emploi d'un balancier, auquel on a renoncé, ainsi que nous le verrons plus tard.

Par suite de l'emploi des chaînes, le mouvement de la scie était incertain et le débitage du bois ne pouvait se faire avec précision.

En 1814, M. Cochot, dont le nom est resté attaché aux progrès qu'a faits l'industrie dont nous nous occupons, prit un brevet pour une *machine propre à scier en feuilles les bois d'acajou et autres*. Il se proposait par l'emploi d'une lame mince et de châssis à couteaux pour maintenir la scie dans une même direction, de diminuer le déchet occasionné par la sciure, déchet ayant une grande importance au point de vue pécuniaire sur la valeur des bois à débiter. Une addition originale complétait l'invention; elle consistait dans l'emploi de deux brosses mises en mouvement à chaque course du châssis et destinées à enlever la sciure restée dans les dents de la scie.

Le bâti de la machine était en bois et portait à l'une de ses extrémités un arbre horizontal dont les manivelles se tournaient à la main. Cet arbre était muni d'une roue dentée engrenant avec un pignon porté par un second arbre horizontal faisant suite au premier, mais coudé pour recevoir la tête d'une bielle qui commandait le châssis de la scie, nécessairement horizontal. L'arbre coudé portait un volant en plomb à l'une de ses extrémités.

Le mouvement d'avancement du bois était vertical, et on l'obtenait à l'aide d'une roue à rochet dont l'arbre portait un pignon commandant la crémaillère fixée sur le châssis vertical destiné à porter la bille de bois à débiter. La roue à rochet était mise en mouvement à l'aide de deux leviers coudés qui la faisaient alternativement avancer d'une ou plusieurs dents ; ces leviers étaient eux-mêmes reliés au mouvement du châssis de la scie par l'intermédiaire d'un levier coudé et d'un arbre.

Le mouvement latéral du bois permettant de donner la même épaisseur ou des épaisseurs différentes à chaque feuille, s'obtenait à l'aide d'une vis de pression qui poussait latéralement la partie supérieure du bâti horizontal tout entier ; en sorte que toute la machine, sauf la partie inférieure du bâti, participait à ce mouvement. La vis de pression portait de plus une aiguille indiquant les nombres de tours correspondant à des épaisseurs déterminées.

Le châssis vertical sur lequel on fixait la bille à débiter portait des couteaux destinés à écarter les feuilles de la bille au fur et à mesure de l'avancement du bois.

Enfin, le châssis de la scie était monté sur galets glissant dans des rainures pratiquées dans le bâti.

On voit donc que, par cette disposition de la machine, tous les organes qui la constituent doivent être déplacés pour obtenir l'épaisseur à donner aux feuilles d'acajou. Il en résulte un grand inconvénient, consistant en ce que l'effort de traction ne passe pas par le milieu de l'axe du châssis de la scie.

Cette machine est cependant remarquable par la suppression du balancier pour la commande du châssis. Nous verrons bientôt cette disposition adoptée pour toutes les scieries, quelle que soit la nature du bois à débiter.

En 1816, MM. Brunet et Cochot prirent un brevet pour l'établissement d'une scie circulaire présentant quelques avantages sur les scies du même genre précédemment construites. Ainsi, la scie était guidée de façon à ce qu'elle ne déviât pas de son plan, et le chariot était vertical. Les mouvements dans le plan vertical et les mouvements latéraux étaient partagés entre la scie et le chariot ; on pouvait scier dans des plans obliques et déverser le chariot à l'aide de vis de rappel.

Une roue calée sur l'arbre moteur, mis en mouvement à l'aide d'un manége, était reliée par une chaîne à la Vaucanson à une roue horizontale dentée, placée à la partie supérieure de la machine, Cette roue dentée communiquait le mouvement, par l'intermédiaire d'un pignon, à l'arbre de la scie. Cette machine était assez bien entendue, vu l'époque à laquelle elle a été construite.

A ce brevet était jointe une addition pour la fabrication des scies circulaires de grande dimension. On augmentait le diamètre de la scie à l'aide de secteurs, comme dans le brevet pris par le sieur Albert.

Les grandes scies circulaires ont été abandonnées parce qu'elles donnent lieu à une notable augmentation des prix de revient et du déchet.

Parmi les scies à balancier, nous citerons celles de M. Philippe et de M. Cochot.

Dans la première, le balancier et le bâti étaient complétement en bois ; le déplacement latéral de la pièce de bois s'obtenait à l'aide d'un cabriolet (on nomme ainsi un appareil qui permet de déplacer le bois transversalement ; ce déplacement se fait toujours à la main). Le bois en grume qu'il fallait scier était monté sur un chariot mis en mouvement mécaniquement pendant le travail et que l'on ramenait à la main lorsqu'il était à bout de course. Le chariot se déplaçait de 3 à 9 millimètres par chaque trait de scie, lorsque le bois travaillé était du sapin ; le nombre de tours de l'arbre moteur était de 120 par minute, la course du châssis porte-scie de 72 centimètres et la vitesse de $2^m,86$. La force employée était de 1 cheval-vapeur, 5.

La scie à balancier construite par M. Cochot était également en bois. La disposition la plus remarquable dans cette scie consistait dans l'emploi de chaînes s'enroulant sur des têtes de vis, au nombre de quatre, et permettant de rendre toutes les parties du cabriolet solidaires dans leur mouvement transversal. Le bois glissait sur des rouleaux fixés transversalement sur le bâti, tandis qu'il adhérait par sa surface latérale à un cadre vertical formant chariot. Le mouvement alternatif rectiligne de ce dernier était obtenu à l'aide d'une crémaillère commandée par un pignon monté sur le même arbre qu'une roue à rochets commandée par un encliquetage et un levier. Celui-ci, mis en mouvement par une tringle fixée au balancier, faisait avancer le chariot à chaque course ascendante du balancier, en sorte que le sciage avait lieu lorsque la pièce de bois était en repos.

Cette dernière disposition exige que la scie soit inclinée sur la verticale, lorsqu'elle mord, d'une quantité égale au rapport de l'avancement du bois à l'avancement de l'outil, ce qui a lieu du reste dans le travail à la main. Dans le cas où la scie mord lorsque le bois avance, elle doit être verticale à quelques millimètres près, pour que la scie ne rencontre pas le bois en remontant.

La première combinaison est la meilleure au point de vue théorique, car le chariot peut alors avancer sans rencontrer de résistance ; la pièce de bois étant en outre plus stable et moins vibrante pendant le travail de la scie, on obtient des surfaces plus nettes avec moins de voie et moins de frottement. Les scies à placage présentent généralement l'application de cette combinaison, que la régularité de leur travail et le prix élevé des bois employés rendent nécessaire. Mais il n'en est pas ainsi des scies à mouvement alternatif, destinées au travail des bois ordinaires. La combinaison que nous venons d'indiquer présente en effet un inconvénient pratique que ne compensent plus, dans ce cas, les avantages qu'elle offre. Cet inconvénient consiste en ce que l'on ne peut plus faire varier l'avancement de la scie sans faire varier son inclinaison; de là l'application de la seconde combinaison aux scies destinées aux bois ordinaires.

La scie dont nous venons de nous occuper fut construite vers 1835.

Mais les scies à balancier, présentant l'inconvénient de donner des secousses nombreuses et tenant beaucoup de place, ne tardèrent pas à être abandonnées, et on leur substitua des scies à directrices dont le châssis était mis en mouvement par des bielles reliées à l'arbre moteur. Enfin, on substitua aux bâtis en bois des bâtis en fonte.

Parmi les scies, nous citerons celles de MM. Halette et Philippe. Le bâti de la scie de M. Halette se compose de deux montants verticaux dans lesquels glisse le châssis porte-scies. Une disposition particulière permet de tendre les lames à l'aide de leviers à l'extrémité desquels sont placés des poids. Le châssis reçoit son mouvement par sa partie inférieure, à laquelle est adaptée une bielle à fourche. La tête de cette bielle s'ajuste sur un arbre coudé horizontal portant une manivelle et un volant à l'une de ses extrémités et deux poulies, dont l'une folle, à l'autre extrémité. Ces poulies sont destinées à recevoir la courroie de commande qui s'enroule sur une poulie calée sur l'arbre moteur, placé vers le milieu de la hauteur des montants. Ceux-ci portent à leur partie supérieure un treuil qui sert à placer le bois en grume sur le chariot qui porte deux crémaillères.

L'avancement du bois se fait pendant que la scie remonte, et celle-ci peut donner 60 à 80 coups par minute avec 12 lames; sa manœuvre nécessite une machine de 8 chevaux.

La scie à mouvement alternatif de M. Philippe est aussi une scie à directrices. Le bâti est en fonte et d'une forme élégante. L'arbre moteur est placé à la partie supérieure de la machine, et la bielle vient attaquer un arbre horizontal qui forme, avec deux tiges oscillantes fixées au châssis de la scie, un parallélogramme de Watt. Le bois est placé sur un chariot muni d'un cabriolet.

La position qu'occupe l'arbre moteur, à la partie supérieure ou inférieure de la machine, n'a pas d'importance au point de vue théorique. Elle ne peut dépendre que de l'emplacement dont on dispose.

Cependant la même raison qui fit abandonner l'usage du balancier (nécessité de disposer d'un grand espace), fit préférer parmi les machines à directrices celles dont l'arbre moteur est placé à la partie inférieure. C'est la disposition admise généralement aujourd'hui, l'arbre moteur commandant deux bielles qui viennent attaquer de chaque côté du châssis les boutons-manivelles de deux volants souvent disposés de façon à équilibrer le poids du châssis.

En même temps que les scies alternatives atteignaient leur plus grand développement, les constructeurs s'occupaient de l'établissement de scies locomobiles destinées à fonctionner en forêt. Parmi celles-ci, nous citerons une scie locomobile de M. Cochot, qui, dès le début, remplit les conditions auxquelles doit satisfaire une scie de ce genre. Ces conditions sont :

1° Possibilité de déplacer fréquemment la scie;

2° Stabilité suffisante pour que la production soit la même que si la scierie était fixe.

La première de ces conditions implique comme conséquence :

Une installation facile, un poids faible, montage et démontage pouvant s'opérer sans difficulté, et par conséquent une grande simplicité.

La seconde condition implique la nécessité de placer l'arbre à la partie supérieure, puisque la machine doit reposer solidement sur le sol sans aucune fondation.

Emploi du fer et de la fonte dans la construction tout entière, afin d'obtenir la plus grande légèreté en même temps que la plus grande résistance.

La machine de M. Cochot satisfaisait autant que possible à ces diverses conditions. Le bâti était formé de deux montants verticaux en forme de trapèzes, entretoisés en plusieurs points de façon à présenter une grande solidité.

Le chariot destiné à recevoir le bois en grume avait 14 mètres de longueur et le châssis pouvait porter 12 lames. Ce dernier était guidé dans son mouvement par des anneaux glissant sur des tringles verticales; il était mis en mouvement à l'aide de deux bielles pendantes et d'un arbre coudé.

Le poids total du châssis et des bielles était de 260 kilogrammes.

Cette scierie pouvait débiter des pièces de 13 mètres de longueur et de $0^m,50$ d'équarrissage. Le rayon des manivelles était de $0^m,275$ et le nombre de tours de 110 par minute. La vitesse du châssis était donc de $\frac{0^m,275 \times 2 \times 110 \times 2}{60''}$ $= 2$ mètres. L'avancement était de $1^{mm},5$ à $2^{mm},5$, suivant la dureté du bois et la puissance employée, qui était en moyenne de 4 chevaux.

Le chariot remplissait parfaitement les conditions auxquelles il est assujetti dans des machines de ce genre. Formé de longrines en tôle consolidées par des cornières, il était à la fois solide et léger. Le mouvement alternatif lui était donné à l'aide d'une crémaillère assemblée à la manière ordinaire. Le retour était rapide et obtenu mécaniquement.

Les avantages que présentaient les machines à raboter à cylindres amenèrent les constructeurs à employer ces derniers pour les scies ; d'où les scieries dites à cylindres, comportant deux cylindres fixes et deux cylindres cannelés. La disposition générale est restée à peu près la même depuis l'origine. Nous citerons comme l'une de celles qui soient le mieux construites, la scie à cylindres de M. Cochot. L'avancement du bois est variable à l'aide d'un changement d'engrenages. La scie est à une seule lame et on peut la régler facilement. L'épaisseur du trait varie avec la position des cylindres cannelés. L'avancement de la scie est de 18 à 20 millimètres.

La lame est guidée dans le voisinage de la pièce qu'on débite, ce qui permet de lui imprimer une plus grande vitesse et de lui donner une longue course sans qu'elle fouette, ainsi que cela n'a lieu que trop souvent. Les cylindres cannelés qui déterminent l'avancement du bois sont fixés sur des poupées mobiles qui, mues à la main, servent à déterminer l'épaisseur du trait de scie.

Malgré sa complication, cette scie est en progrès sur celles qui ont été précédemment construites.

Les inconvénients que présente la scie circulaire engagèrent les constructeurs, depuis longtemps déjà, à obtenir le sciage continu à l'aide d'une scie disposée d'une manière différente. C'est en 1811 ou 1812 qu'il fut pour la première fois question de la scie à lame sans fin, dite scie à ruban.

Mais, jusqu'en 1855, les difficultés pratiques que rencontrèrent les constructeurs dans l'exécution de ce genre de scie, s'opposèrent à ce qu'elle devînt industrielle. Ce n'est qu'à partir de cette époque que les scies à lame sans fin prirent l'énorme extension qu'elles ont aujourd'hui, et à la tête des habiles industriels qui peuvent revendiquer cette espèce de création, nous placerons M. Périn.

En 1855 les machines à scier à mouvement alternatif sont arrivées à un grand degré de perfectionnement, et ce qu'on a fait depuis cette époque, jusqu'en 1868, ne présente aucune innovation importante. Les détails de construction sont seulement plus soignés, les dispositions et l'agencement plus avantageux dans quelques cas, mais les résultats obtenus sont les mêmes.

Au lieu d'équilibrer, comme on l'a vu, le poids du châssis de la scie à l'aide d'un contre-poids fixé au volant de l'arbre moteur, on cherche à obtenir cet équilibrage par l'intermédiaire d'un piston qui comprime de l'air dans un cylindre quand celui-ci est placé au-dessous du châssis, tandis que l'air se détend au contraire quand le cylindre est placé au-dessus. Ce moyen n'a guère été employé que pour des courses de $0^{m},30$ à $0^{m},35$.

Les scies circulaires, par la simplicité de leur agencement, n'étaient susceptibles d'aucun changement important. Aussi les retrouve-t-on, pendant la période qui précède l'Exposition de 1867, telles qu'elles étaient dès leur apparition.

Les scies à *lame sans fin* dont la construction réellement industrielle remonte à 1855, ont pris jusqu'en 1867 un développement considérable. Appliquées d'abord au chantournement des bois, elles sont devenues d'un usage général, aussi bien pour le sciage des bois en grume que pour le débitage des madriers et autres pièces de moindres dimensions. Ces scieries rendent des services si universels qu'elles sont devenues l'élément indispensable d'une production rapide et à bon marché. C'est de leur emploi que datent les développements considérables qu'ont pris l'ébénisterie et même la marqueterie. Leur production est moins rapide que celle des scies circulaires, mais elles possèdent par contre tous les avantages de précision et de fini qu'on trouve dans les scies alternatives les mieux agencées. Leur travail utile est en outre plus grand que dans ces dernières, parce que les fibres sont tranchées sans qu'elles réagissent d'une manière sensible sur la lame.

D'après l'historique qui précède, on peut classer les scies de la manière suivante :

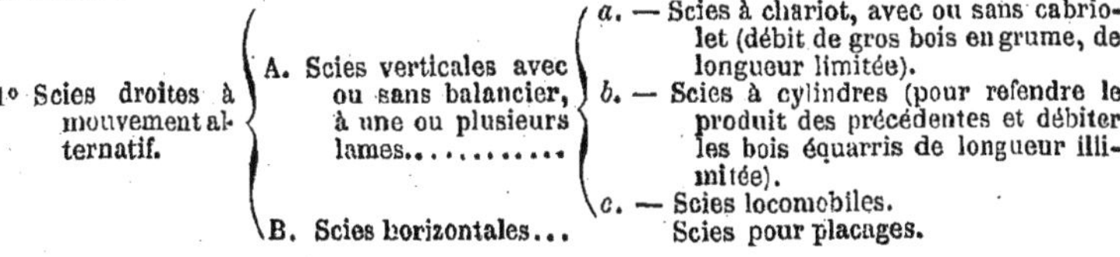

1° Scies droites à mouvement alternatif.	A. Scies verticales avec ou sans balancier, à une ou plusieurs lames...........	*a.* — Scies à chariot, avec ou sans cabriolet (débit de gros bois en grume, de longueur limitée).
		b. — Scies à cylindres (pour refendre le produit des précédentes et débiter les bois équarris de longueur illimitée).
		c. — Scies locomobiles.
	B. Scies horizontales...	Scies pour placages.

2° Scies à mouvement continu.
- *a.* — Scies circulaires (équarrissage des planches, sciage des lates, des chevrons).
- *b.* — Scies de Brumel (la lame est de grande dimension, et elle donne lieu à une grande augmentation du prix de revient et du déchet).
- *c.* — Scies circulaires de Boileau.
- *d.* — Scies à lame sans fin.

Nous ne suivrons pas cette classification dans notre examen des machines exposées, et nous ne la donnons ici que comme un résumé succinct de l'étude historique qui précède. Elle indique, en outre, l'état de l'industrie au moment où s'ouvre l'Exposition.

Nous commencerons notre compte rendu sur les scies exposées, par une scie à cylindres de M. Sautreuil, de Fécamp.

Le bâti en fonte de la machine est surmonté de deux montants verticaux. A sa partie inférieure, le bâti porte un arbre horizontal sur lequel est calée la poulie de commande. Le même arbre porte en son milieu un cylindre cannelé, et à l'une de ses extrémités une roue engrenant avec une vis sans fin qui commande à son tour une seconde roue portée par un second arbre horizontal, sur lequel est placé un autre cylindre cannelé semblable au premier. Ces deux cylindres portent la pièce de bois. Les cylindres de pression portent des romaines qui se relèvent ou s'abaissent à l'aide de cordes passant sur des poulies placées à la partie supérieure du bâti. Cette machine est bien construite et rappelle dans ses dispositions la machine du même genre exposée par M. Sautreuil en 1855.

L'innovation qu'elle présente mérite de fixer l'attention. On peut, en effet, à l'aide de cette scie à cylindres débiter les pièces de bois courbes. Le résultat est obtenu à l'aide de chariots montés sur galets, placés aux extrémités de la pièce de bois qu'ils supportent et maintiennent par des griffes mobiles autour d'un axe horizontal. Ces chariots permettent d'élever ou d'abaisser les extrémités de la pièce de bois à l'aide d'une vis sans fin commandant une crémaillère circulaire.

L'une des scies à mouvement alternatif et à chariot les mieux construites qui aient été exposées, est sans contredit la scie de M. Normand, du Havre. Les principales dispositions de cette scie avaient déjà été présentées à l'Exposition de 1855.

Cette scierie se compose d'un bâti vertical formé de deux fermes ; à la partie supérieure de ce bâti, est placé un arbre horizontal sur lequel sont calées deux poulies, dont l'une est folle, destinées à recevoir la courroie motrice. Le même arbre porte à ses extrémités deux volants munis de boutons manivelles qui reçoivent les têtes de deux bielles qui viennent attaquer l'extrémité inférieure du châssis de la scie. Cette extrémité est fixée à un balancier oscillant autour d'un point fixe appartenant au bâti ; il en est de même de l'autre extrémité ; le trait de scie est donc nécessairement rectiligne. L'arbre moteur porte un excentrique dont la tige peut glisser dans une rainure pratiquée sur un levier muni d'un encliquetage, lequel agit sur une roue à rochet. Celle-ci détermine l'avancement du chariot. Mais ce qui constitue principalement les titres de cette machine à l'attention est la disposition adoptée par le constructeur pour le chariot. Cette partie importante de la machine est très-étroite et munie de griffes pour fixer le bois à travailler ; elle glisse sur une pièce fixe en fonte, et reçoit son mouvement à l'aide d'une crémaillère et d'un pignon. La disposition adoptée permet d'assurer au chariot une rectitude de mouvement presque mathématique, en même temps qu'elle réduit au minimum la force motrice à employer.

Nous nous étonnerions de ne pas voir cette forme du chariot devenir générale.

Près de la scie exposée par M. Normand, se trouve une scie à lame sans fin destinée au débitage des bois en grume et construite par M. Perin.

Elle se compose de deux parties : 1° d'un bâti vertical en fonte sur lequel sont placés les arbres horizontaux et parallèles sur lesquels sont calés les tambours porte-scie ; 2° d'un chariot muni d'un cabriolet. (*Pl.* 206, *fig.* 1 et 2.)

Les poulies de commande PP sont calées sur l'arbre du tambour inférieur porte-scie. Le même arbre porte un cône *c* qui communique le mouvement par l'intermédiaire d'une courroie à brins croisés à un second cône c', dont l'arbre est fileté à l'une de ses extrémités. La vis sans fin V engrène avec un pignon p dont l'arbre porte un second pignon p', qui engrène avec la roue P'. Celle-ci donne le mouvement d'avancement au chariot vers la scie, par l'intermédiaire de sa crémaillère *i* fixée à la partie inférieure du chariot.

Le retour du chariot, c'est-à-dire son éloignement du plan de la scie, a lieu par un mouvement rapide. Ce dernier mouvement s'obtient en faisant passer la courroie qui vient de la commande, de la poulie folle P'_1 sur la poulie P_1'', dont l'arbre porte une roue d'angle engrenant avec une seconde roue d'angle *r*. Celle-ci est portée par un arbre à l'extrémité duquel est placé un pignon qui engrène avec un autre pignon calé sur l'arbre qui porte déjà les pignons p et p', et le mouvement se transmet à la crémaillère avec son changement de vitesse par les mêmes organes que précédemment.

Lorsque le bois est placé sur le chariot, des manœuvres auxiliaires d'aller et de retour sont nécessaires pour approcher ou éloigner le bois de la lame ; ces manœuvres doivent nécessairement être opérées par un mouvement rapide. Les organes qui viennent d'être décrits et à l'aide desquels s'opère le retour du chariot lorsqu'un trait de scie est terminé, permettent la manœuvre auxiliaire d'avancement vers la lame. Quant à la manœuvre d'éloignement, elle a lieu en faisant passer la courroie de la poulie folle sur la poulie P'_1 qui commande la roue d'angle r', tandis que la roue r' devient folle sur son axe, les autres organes ayant le même jeu que précédemment.

Le chariot est muni d'un cabriolet dont le mouvement latéral, commandé par l'épaisseur des madriers à scier, est obtenu à l'aide de deux vis placées chacune aux extrémités du chariot. Ces vis sont fixes et tournent dans des écrous fixés sur le cabriolet. Sur l'une de ces vis est placé un pignon commandant une roue dentée dont l'arbre porte un pignon. Une chaîne de Gall, qui s'enroule sur ce dernier, s'enroule en même temps sur un pignon semblable placé sur la seconde vis, à l'autre extrémité du chariot.

La tension de la lame de scie est obtenue par l'élévation ou l'abaissement du tambour porte-scie supérieur. Ce mouvement se transmet du volant à main *m* aux roues R et R', par l'intermédiaire de roues d'angle calées sur les axes du volant et de la roue R'. L'arbre de la roue R' est fileté et fait mouvoir dans des coulisses le plateau porte-paliers de l'arbre du tambour supérieur.

Cette scie est bien entendue, surtout en ce qui concerne la facilité avec laquelle on peut se servir des organes importants. Ainsi le volant *m*, pour la tension de la lame, les manettes m', m'', m''', pour les manœuvres auxiliaires et la mise en marche, sont placés sous la main.

Les dimensions des tambours, dont le diamètre est de $1^m,25$, sont bien combinées en vue du bon et long service que peut rendre une lame de scie, et en rapport avec les dimensions de cette dernière, qui a $0^m,008$ de largeur sur $0^m,0012$ d'épaisseur.

L'expérience a démontré que la courroie ne gardait jamais, sur les cônes *cc*, la position qui convenait à la vitesse dont le bois doit avancer suivant sa nature. On les a remplacés par des cônes étagés donnant cinq vitesses différentes.

On a de même remplacé la vis sans fin par une série de roues dentées, parce qu'elle s'usait promptement. Nous pensons que cette usure provient de ce que les dents de la roue engrenant avec la vis n'étaient pas taillées d'une manière exacte, ainsi que cela a lieu dans beaucoup d'ateliers. Il n'en serait pas de même si l'on se servait de gabarits parfaitement tracés, ainsi que nous l'indiquons dans notre ouvrage, *Théorie et pratique de l'art de l'ingénieur*.

L'usage des scies à mouvement continu donnant lieu à une grande rapidité de travail, on a dû penser à l'augmenter encore par la continuité de l'amenage; de là, les scies à cylindres.

Mais il faut alors que le bois soit terminé par des surfaces latérales planes, sans quoi les épaisseurs des madriers ne seraient pas uniformes. Il était donc utile d'étendre les avantages de la scie à mouvement continu et de l'amenage continu aux pièces n'ayant pas encore été débitées. M. Perin y est arrivé en remplaçant les cylindres par deux chaînes sans fin composées de plaques présentant des rainures analogues aux cannelures des cylindres. Ces plaques (*pl.* 207, *fig.* 1 et 2) reçoivent leur mouvement à l'aide de prismes rectangulaires commandés par la roue R, les roues d'angle *rr*, les poulies *pp* et p_1. Celles-ci sont directement reliées par des courroies aux poulies de commande placées sur l'arbre du tambour porte-scie inférieur. L'examen de ces figures suffit pour se rendre compte de l'agencement de cette scie, qui est destinée à débiter des bois ayant jusqu'à $0^m,50$ de hauteur.

Lorsque l'on emploie la scie à lame sans fin pour refendre ou pour découper, le mouvement d'amenage se fait à la main. Cet amenage présente de grands avantages pour les pièces de petite dimension ; mais, s'il est suffisamment précis pour les traits courbes, il n'en est pas de même pour les traits droits qui doivent être faits avec une grande précision. C'est pour parer à cet inconvénient que M. Perin a construit la scie représentée par les figures 3 et 4 de la planche 207.

La table de cette scie peut s'incliner autour d'un axe horizontal, comme dans toutes les scies à lame sans fin où l'amenage se fait à la main ; cette inclinaison permet de scier le bois suivant des plans plus ou moins inclinés sur le plan vertical contenant la lame de la scie. Sur la table est établi un parallélogramme formé de tiges *bb* articulées avec une troisième *c*, qui décrit nécessairement une ligne droite lorsqu'on imprime un mouvement au parallélogramme. C'est contre cette tige *c* qu'est placé le bois à refendre. Pour le maintenir constamment appliqué contre elle, un levier *b*, portant un rouleau à l'une de ses extrémités et sur lequel agit un poids P, par l'intermédiaire d'une corde fixée à l'autre extrémité, presse sur le bois.

Le rouleau dont est muni le levier *b* peut s'écarter ou se rapprocher du parallélogramme suivant les épaisseurs du bois à travailler ; il suffit, pour cela, de desserrer l'écrou *e* et de transporter le levier en b, b', b''. Les positions qu'il occupe alors sont indiquées sur la figure 4 de la planche 207.

On donne au bois le mouvement latéral nécessaire pour recommencer un trait de scie, suivant la distance qui doit séparer deux traits, à l'aide de la manette *m* qui permet d'avancer ou de reculer le plateau *a*.

Il suffit, lorsqu'on veut scier des bois courbes, d'enlever le parallélogramme et le levier *b* en desserrant les écrous $e'e'$ et *e*.

Nous terminerons l'examen des machines exposées par M. Perin par quelques mots sur une espèce de banc de menuisier universel placé à la classe 58.

Cette machine porte, sur un même plateau, une scie à lame sans fin, une scie à découper à mouvement alternatif, mise en mouvement par une pédale et une mortaiseuse.

Nous nous sommes assez étendus dans la première partie de notre travail sur ce genre de machines, pour n'avoir pas à en retracer ici les inconvénients. La machine dont nous nous occupons ne peut remplir aucun but industriel. Elle ne saurait convenir qu'à un amateur, usage auquel son constructeur paraît l'avoir destinée rien que par le luxe de sa construction.

Le jugement qu'on peut porter sur les machines à scier de M. Perin est analogue à celui auquel a donné lieu, dans la première partie de notre travail, l'examen des machines exposées par ce constructeur :

Construction soignée ; formes heureuses adaptées aux usages pour lesquels la machine est construite ; enfin, innovations simplement obtenues et suggérées par une connaissance pratique des besoins de l'industrie qui a le travail du bois pour objet.

Nous avons remarqué, dans la même classe, deux scies : l'une circulaire et l'autre à mouvement alternatif, construites par M. Gérard, dont la spécialité paraît être la construction des machines destinées au travail du bois à la main ; nous en avons déjà parlé dans la première partie de notre étude.

La scie à mouvement alternatif de M. Gérard est une scie à découper et à pédale (*fig.* 2, *pl.* 204). La lame de scie est fixée par ses extrémités à deux balanciers en bois *bb*, dont les centres d'oscillation *cc* sont placés en leur milieu. Une corde, passant sur les deux autres extrémités de ces balanciers, est fixée à une petite bielle en bois reliée à un arbre coudé portant une poulie et un volant. Cette poulie reçoit son mouvement du volant V, dont l'arbre porte une manivelle mise en mouvement par la pédale P.

Cette petite scie, construite pour la marqueterie et la gaînerie, remplit assez bien le but auquel elle est destinée. La lame de scie reste verticale, ce qui permet un travail régulier pour une vitesse de 200 coups à la minute.

La scie circulaire appelle l'attention par la disposition de sa table (*fig.* 1, *pl.* 204), qui, s'inclinant en tous sens, permet de faire les onglets, pans coupés, feuillures et coupes en tous sens. Le disque en bois B, placé sur l'arbre que commande la pédale, transmet par une courroie le mouvement à une poulie d'un petit diamètre calée sur l'arbre de la scie.

Nous terminerons cet examen des scies faisant partie de l'Exposition française, par les scies locomobiles destinées à fonctionner en forêt et pouvant se transporter.

La scie de ce genre exposée par M. Cart est remarquable par ses dimensions et son agencement. Cette machine porte deux lames sans fin montées sur tambours. L'avancement se fait à l'aide d'un chariot, ce qui permet de travailler les bois en grume, tandis que les scies à cylindres ne peuvent débiter que du bois préalablement raboté.

La scierie se compose d'un bâti horizontal monté sur deux trains, un à chaque extrémité. Sur ce bâti sont disposés des rouleaux sur lesquels glisse le chariot à double crémaillère. En son milieu, le bâti présente un renflement sur lequel sont fixés deux montants verticaux en fers I, réunis à leur partie supérieure par une traverse en bois. Les tambours des deux scies à lame sans fin sont fixés sur les montants, entre les plates-bandes desquels glissent les paliers des arbres portant les tambours. Ce mouvement vertical des tambours s'obtient à l'aide de vis fixes dont les plateaux porte-paliers sont les écrous, et de roues d'angle dont la dernière est calée sur l'arbre d'un volant manivelle placé à la portée de la main. C'est de cette manière qu'on donne aux lames la tension qui leur est nécessaire. Au-dessus des traverses du bâti formé par les deux montants verticaux, sont placés les deux paliers des deux arbres qui portent les tambours supérieurs et inférieurs de chacune des deux lames. Ces paliers, qui sont taraudés, sont traversés par un arbre horizontal fileté, dont l'extrémité porte une roue d'angle qui engrène avec une deuxième roue d'angle portée par un arbre vertical mis en relation, par deux roues de même espèce, avec un arbre horizontal; celui-ci étant mis en mouvement, permet le rapprochement ou l'éloignement simultanés des deux lames de scie.

Un débrayage permet d'opérer à la main les manœuvres auxiliaires dont nous avons parlé à propos de la scie de M. Perin.

Cette scie, bien construite dans ses détails, présente cependant un défaut capital qui rendra sa production chère et presque nulle.

Si, en effet, nous appelons ρ le rayon du tambour, μ le moment fléchissant, a la plus grande dimension de la section transversale de la scie, b la plus petite de ces dimensions, nous aurons (la force produisant la flexion étant transversale et parallèle à la dimension b et transversale)

$$\mu = \frac{RI}{V} = \frac{\frac{Rab^3}{12}}{\frac{b}{2}} = \frac{Rab^2}{6};$$

d'un autre côté les relations entre la déformation de la pièce et les forces qui produisent cette déformation donnent :

$$\rho = \frac{EI}{\mu};$$

d'où

$$\mu = \frac{EI}{\rho},$$

ce qui indique que μ est constant dans toute l'étendue de la portion courbée de la lame, puisque le rayon de courbure ρ est lui-même constant. En remplaçant μ par sa valeur dans la dernière équation, il vient :

$$\frac{EI}{\rho} = \frac{Rab^2}{6} = \frac{Eab^3}{12\rho};$$

d'où, en divisant par $\frac{ab^2}{6}$:

$$R = \frac{Eb}{2\rho} \text{ et } \rho = \frac{Eb}{2R}.$$

Si nous prenons pour E et pour R les valeurs limites d'élasticité et de charge, nous aurons pour ρ la valeur limite inférieure qu'il ne faut jamais atteindre.

Faisant donc pour l'acier trempé fin :

$$E = 3 \times 10^{10}$$
$$R = 45 \times 10^6,$$

il vient :

$$\rho = \frac{3 \times 10^{10} \times b}{2 \times 45 \times 10^6} = 333b.$$

On donne ordinairement $0^m,0012$ d'épaisseur à la scie; c'est une valeur qu'on ne saurait rendre moindre pour le sciage des bois en grume sans nuire au bon fonctionnement de la scie. La valeur minimum du rayon du tambour, valeur qu'il ne faut jamais atteindre, est donc :

$$\rho = 333 \times 0^m,0012 = 0^m,40.$$

Les tambours de la scie contruite par M. Cart n'ont que $0^m,80$ de diamètre.

La scie locomobile de MM. Varrall, Elwell et Poulot se recommande à l'examen des spécialistes par une construction soignée et un agencement plus simple que celui de la machine de M. Cart. La scierie est à lame sans fin et ne comporte qu'une seule lame; elle repose comme la précédente sur deux trains.

Les paliers des arbres des tambours sont fixés à la chaudière verticale, d'une puissance de six chevaux. L'une des roues d'arrière de la machine est commandée directement par la bielle, de sorte qu'on peut la transformer en locomotive routière pour le transport d'un lieu d'exploitation à un autre, ou en machine fixe pour le travail, en soulevant le train d'arrière à l'aide de madriers. La roue devenue volant-poulie communique par une courroie le mouvement au tambour inférieur de la scie.

Le chariot est muni d'un cabriolet, pour le déplacement latéral du bois.

Nous n'avons pas mesuré le diamètre des tambours porte-scie, mais il nous a semblé que MM. Varrall, Elwell et Poulot pourraient faire leur profit des observations relatives aux dimensions de ces tambours et que nous a suggérées l'examen de la scie de M. Cart.

Les deux scies que nous venons d'examiner méritent tous les éloges au point de vue de la construction proprement dite, sauf la réserve importante que nous avons faite. Il reste à voir si ces sortes de scieries sont aptes aux usages qu'on a en vue en les établissant. Tel n'est pas notre avis.

Le but qu'on se propose est, en effet, de débiter sur place des masses d'un transport difficile et coûteux. Or, les scies locomobiles à chariot ne peuvent débiter que des bois de 4 mètres de longueur au plus, tandis que les scies locomobiles à cylindres, dont l'action n'est pas limitée comme longueur, ne peuvent scier que des bois d'un hauteur plus petite que celle des bois travaillés par les scies à chariot. Ces machines ne peuvent donc opérer que sur des masses réduites.

Elles présentent en outre un autre inconvénient, c'est le manque de stabilité, qui diminue la production.

Nous n'avons pas remarqué dans la section anglaise de grandes scieries, probablement parce que la place a manqué. Nous avons donc cru devoir donner un spécimen des formes adoptées généralement par les Anglais pour cette sorte de machines.

Les figures 1 et 2 de la planche 94 représentent une scie à mouvement alternatif pour bois en grume; le châssis porte neuf lames. Cette scie est bien construite, et ses formes sont heureuses. Elle sort des ateliers de M. Samuel Worsam à Chelsea.

Nous mentionnerons encore, dans la section allemande, une scie à lame sans fin destinée à refendre les madriers, de MM. Gschwindt et Zimmermann, de Carlsruhe. La table de cette scie est mobile; sa construction est parfaitement entendue. Le contre-poids P (*fig.* 3 et 4, *pl.* 204), qui donne à la lame une tension pour ainsi dire élastique et en rapport avec la résistance variable du bois, nous paraît une heureuse addition, que nous avons du reste rencontrée dans d'autres machines.

Nous arrivons à l'emploi le plus remarquable des scies qu'on ait fait jusqu'à présent; nous voulons parler de la machine à faire les queues d'hironde inventée par un Américain, M. Armstrong, qu'il ne faut pas confondre avec le célèbre ingénieur anglais de ce nom.

Cette machine se compose d'un bâti en fonte muni de paliers supportant l'arbre moteur et les arbres des tambours ou disques, sur lesquels sont fixées les scies destinées à faire les mortaises. Les scies sont formées de lames rapportées, maintenues en place dans les rainures des tambours au moyen d'éclisses en fonte serrées par des vis de pression. Ces rainures étant heliçoïdales, les scies forment un pas de vis, comme l'indique la vue de face (*fig.* 1, *pl.* 199); leur profil (*fig.* 2, *pl.* 199) se compose de deux courbes : d'une spirale pour les trois quarts de la circonférence, et d'un quart de cercle. Le contour de la spirale est taillé comme celui d'une scie ordinaire, tandis que la scie en quart de cercle se retourne en équerre munie de dents.

Le bâti porte en outre des guides servant à diriger une table mobile sur laquelle est placé le bois à travailler. Cette table porte sous sa face inférieure une portion d'écrou E (*fig.* 3, *pl.* 199), qui peut être embrayée ou désembrayée à volonté avec une vis (*fig.* 1, *même planche*) au moyen d'un levier dont le point fixe appartient à la partie inférieure de la table et dont la poignée est en P. La table mobile peut prendre deux mouvements: un mouvement de transport ou d'entraînement dans le sens longitudinal obtenu à l'aide de cette vis et un second mouvement transversal imprimé à la partie supérieure de ladite table, dont la partie inférieure reste fixe; c'est à l'aide de ce dernier changement de position que s'effectue l'embrayage ou le désembrayage de l'écrou avec la vis indiquée.

Le mouvement de l'arbre moteur est transmis à cette vis au moyen d'un pignon calé à l'une de ses extrémités et engrenant avec une roue intermédiaire (*fig.* 2, *pl.* 199). Pour les disques, la transmission de mouvement s'opère à l'aide de la roue d'angle A calée sur l'arbre moteur et faisant tourner la roue C qui fait corps avec le disque D, par l'intermédiaire de la roue B; le disque D transmet lui-même son mouvement au disque D′ au moyen des roues F,F′ qui font corps avec ces disques.

Les axes *m*, *m′* des disques D et D′ appartiennent au même arbre que les axes principaux M M′ et font avec ces derniers un certain angle *a*.

Le pas de l'hélice formée par les scies est le même que le pas de la vis V, et la vitesse d'entraînement est égale à la vitesse à la circonférence des disques. S et S′ (*fig.* 1, *pl.* 199), sont deux secteurs ou quarts de cercle dentés recevant le mouvement de deux pignons K et K′ calés sur un arbre G qui se manœuvre à l'aide de la manivelle H. Une révolution de cette manivelle correspond à un quart de révolution des secteurs, et par suite des axes *m* et *m′* sur lesquelles ces secteurs sont calés en M et M′. On change par cette manœuvre l'inclinaison des disques pour passer du travail des mortaises à celui des tenons.

Travail des mortaises en queue d'hironde.

Dans tout assemblage à queue d'hironde, la profondeur de la mortaise et la longueur du tenon doivent être égales à l'épaisseur du bois à travailler, puisque ces bois sont assemblés à angle droit. Dans les cas où les épaisseurs des bois à assembler seraient inégales, la profondeur de la mortaise sera égale à l'épaisseur du bois portant les tenons, et la longueur de ces derniers sera égale à l'épaisseur du bois dans lequel les mortaises doivent être taillées. Le bois devra donc être placé sur la table mobile, de façon à ce que les conditions de l'assemblage qui viennent d'être exposées soient remplies. Pour cela, on a disposé, sur la partie gauche de la table mobile (*pl.* 199, *fig.* 3), une pièce de fonte posée à plat et dressée sur l'un de ses champs. C'est sur cette surface dressée que l'on applique le champ de la planche. La pièce de fonte porte une échelle divisée en millimètres et dont le zéro est à une distance du bord *a* égale à la distance du bord *b* à la scie *s*, lorsqu'elle présente son plus grand rayon, c'est-à-dire lorsque la portion de la scie recourbée est en prise. On peut à l'aide de cette disposition donner exactement aux mortaises la profondeur voulue.

La planche étant placée sur la table mobile, les secteurs doivent être ramenés par les pignons K et K′ au point le plus bas de leur course; les axes *m m′*, et par conséquent les angles *a*, seront alors dans un plan horizontal. (Voir la *fig.* 4, *pl.* 199.) Les disques F, F′, perpendiculaires aux axes *m*, *m′*, seront chacun dans un plan vertical, et leurs plans formeront avec l'arête *rs* de la planche un angle égal à

90° — a. La table mobile étant animée du même mouvement que les disques, la scie pénétrera dans le bois en un point de la spirale et s'engagera de plus en plus jusqu'à ce que la scie en quart de cercle morde à son tour. En ce moment, la paroi latérale de la mortaise sera taillée, et les équerres qui forment avec les scies un angle égal à 90°—a viendront tailler le fond parallèlement à rs.

Le disque F est fixe, tandis que le disque F' est mobile et peut glisser dans une gorge circulaire formée par un rebord venu de fonte avec le disque D'; on peut donc, tout l'ensemble du système restant fixe, y compris l'engrenage F' qui reste toujours en prise avec F, faire glisser le disque D' en avant ou en arrière, de manière à avancer ou à retarder l'action de la scie montée sur ce disque, en sorte que la mortaise sera plus petite ou plus grande, puisque la table mobile n'obéit qu'à la vis V. Nous verrons plus loin quelles sont les limites des épaisseurs qu'on peut donner aux mortaises comme aux tenons.

L'engrenage intérieur porte un cercle composé de 90 trous numérotés. Une cheville à poignée U (*fig.* 5, *pl.* 199), fixée sur le disque D', permet, en la retirant ou en l'enfonçant dans l'un de ces trous, de rendre le disque et l'engrenage indépendants ou solidaires.

La somme du plein et du vide est toujours constante; elle est égale au pasde la vis (25 mm).

On établit pratiquement, d'après les épaisseurs maxima et minima qu'on peut obtenir, les épaisseurs et les numéros des trous qui conviennent à la fois aux mortaises et aux tenons.

On n'a plus qu'à dresser, à l'aide de ces numéros, un tableau sur lequel il n'y a qu'à jeter un coup d'œil pour connaître immédiatement le numéro qui convient à chaque nouvelle épaisseur des bois à travailler.

Travail des tenons.

Le bois est placé sur la table mobile, comme dans le cas où l'on veut faire des mortaises, de manière à obtenir la profondeur voulue. On change les quatre scies-équerres qui composent le quart de cercle. On amène ensuite les secteurs S et S' au point le plus élevé de leur course. La position qu'ils occupent alors correspond à une position verticale de m et de m', qui ont fait un quart de révolution, en sorte que Mm et M'm' sont dans un plan vertical. Les axes m et m' faisant alors un angle égal à a avec l'axe horizontal MM', les disques DD' font avec un plan horizontal un angle égal à 90°-a et viennent scier le bois sous cet angle, tout en pénétrant perpendiculairement à l'arête du bois. On obtient donc un tenon qui a exactement la forme de la mortaise; les équerres sont, dans ce cas, retournés à 90° pour tailler les fonds.

Épaisseurs maxima et minima des tenons et mortaises.

Dans l'assemblage à queue d'hironde, les vides peuvent être plus petits que les pleins, ou leur être égaux; ils ne peuvent jamais être plus grands. Pour varier les épaisseurs des vides autant qu'on peut le faire, on a donné 6mm1/4 de saillie aux équerres, de sorte que si l'on veut avoir des queues d'hironde égales aux pleins, le fond se trouve fini par les scies en raison de leur saillie. Si l'on diminue les demensions des mortaises, résultat qu'on obtiendra en avançant le sciage de le scie, la largeur des fonds ne dépassera pas 6mm1/4.

Cette limite dépassée, les équerres laisseraient des traces de leur passage sur les parois de la mortaises.

On double ordinairement le nombre des queues d'hironde sur la même planche à l'aide de la disposition suivante.

La manivelle L (*pl.* 199, *fig.* 1) est calée sur un petit arbre dont l'une des extrémités est filetée. Celle-ci est engagée dans la portion d'écrou E, qui peut se mouvoir dans une glissière fixée sous la table mobile. Lorsque l'écrou est en prise avec la vis V, le chariot glisse et se déplace par suite du mouvement de la manivelle L. Le pas de la petite vis est le 1/10 de celui de la vis V, c'est-à-dire de $2^{m}/^{m}5$. La manivelle L faisant cinq tours par exemple, le chariot ou l'écrou (suivant qu'on aura embrayé ou désembrayé) aura avancé ou reculé de $12^{m}/^{m},5$, et les traits de scie passeront à $12^{m}/^{m},5$ du point où ils passaient précédemment; on aura donc doublé le nombre des queues d'hironde.

La table peut se relever en tournant autour de la charnière N; la réglette O vient en O' et y est maintenue au moyen de la manivelle de pression T. Cette disposition permet de tailler les mortaises obliquement par rapport à la surface du bois et de faire *les assemblages à onglets* ou *les queues recouvertes*, assemblages employés pour les devants des tiroirs de meubles et dans beaucoup de travaux d'ébénisterie. Un troisième jeu de scies est nécessaire pour ce travail et suffit pour faire les mortaises et les tenons. Les secteurs sont placés entre les deux positions mentionnées précédemment, c'est-à-dire que *h* vient en *h'*.

Les pièces de bois à travailler sont fixées sur la table mobile à l'aide d'une traverse en fonte dressée sur sa face inférieure; cette traverse se lève ou s'abaisse au moyen d'une vis de pression placée à l'une de ses extrémités et d'un levier à écrou placé à l'autre extrémité. Ce perfectionnement ainsi que l'échelle divisée, permettant de donner exactement aux mortaises la profondeur voulue, sont de MM. Martin fils et Cie, cessionnaires pour la France du brevet de M. Armstrong et représentés à Paris par MM. Ball et Trèves, 127, boulevard de Magenta.

Les disques de la machine disposée pour recevoir l'action d'un moteur à vapeur peuvent faire deux cents tours à la minute, ce qui correspond à un avancement de la table de 25 mètres. On voit combien est grande la rapidité de la fabrication, surtout en ne faisant que les tenons ou les mortaises en même temps.

Nous le répétons, la machine de M. Armstrong est une des plus intéressantes applications des principes de la cinématique, et sa production la rend tout à fait industrielle.

Cet usage des scies pour les assemblages de précision nous paraît assez important pour que nous disions ici quelques mots d'une machine qui n'a pas été exposée, mais d'une construction toute récente et que nous avons examinée dans les ateliers de M. Gérard.

La machine dont nous allons entretenir nos lecteurs est destinée à faire les mortaises obliques des casiers porte-billets employés dans les bureaux de chemins de fer.

Elle porte deux outils : 1° une scie circulaire dont l'inclinaison peut varier et qui est destinée à faire le même travail qu'un rabot; 2° une mèche tournant horizontalement, et dont le travail consiste à faire des mortaises.

Ce qui rend intéressant l'examen de cette machine et nous a décidés à en faire la description, c'est la disposition du porte-scie.

Le résultat à atteindre était de pouvoir creuser une rainure, par exemple, d'une largeur plus grande que l'épaisseur de la scie; pour cela, il fallait faire travailler la scie dans des plans obliques, la monter de façon qu'elle pût prendre diverses inclinaisons tout en lui assurant pour chacune d'elles la stabilité nécessaire à son fonctionnement, stabilité que tend à compromettre la grande fatigue à laquelle est soumis l'outil.

Un noyau en bronze, composé de deux disques concentriques avec l'arbre D (*pl.* 205, *fig.* 5), sert à donner à la scie les inclinaisons voulues. Ces disques ont été percés en leur centre, de manière à présenter constamment une surface convexe à l'arbre D. Rien ne s'oppose donc à leur inclinaison latérale.

Pour maintenir la scie dans une position inclinée déterminée, un noyau creux E emboîte sur le premier de façon à ne laisser dépasser que la lame de la scie.

Les deux plateaux A et B dont il est composé sont creusés intérieurement de manière à ce que le premier noyau puisse glisser latéralement entre eux. L'inclinaison étant donnée, on serre l'écrou C de l'extrémité de l'arbre, de telle sorte que le plateau A vienne presser le noyau intérieur E et l'empêche de dévier de la position qu'on lui a donnée. Cette disposition donne de bons résultats ; elle est ingénieuse et simple. Pour élever ou abaisser la scie à volonté, on se sert du châssis porte-scie F (*pl.* 203, *fig.* 3). Ce châssis a la forme d'un rectangle ; il est réuni au bâti par une charnière. Son extrémité G est commandée par une vis de manière à ce qu'on puisse l'élever ou l'abaisser suivant les besoins. Le bois est placé sur le plateau à coulisse H et peut, par ce moyen, être transporté horizontalement ; un ressort I, faisant fonction de repère, sert à fixer invariablement l'écartement qui doit exister entre deux rainures.

La mèche destinée à faire des mortaises peut les creuser obliquement par rapport à la face inférieure de la pièce de bois considérée comme plan horizontal. Pour cela, le chariot J, qui porte le bois à travailler, glisse dans une coulisse verticale KL, pendant qu'une autre coulisse le guide horizontalement ; enfin, le prisonnier qui le fixe permet d'imprimer à la pièce de bois un déplacement circulaire perpendiculairement à la direction de la mèche.

La pièce de bois est soutenue par un support N qui se meut verticalement.

L'arbre de la mèche est en même temps l'arbre moteur. Une courroie le relie à l'arbre de la scie, de telle sorte que les deux outils travaillent simultanément.

La vitesse de la scie est de 1,200 tours par minute, et celle de la mèche est de 2,200 tours.

Comme on le voit, cette application des scies est assez ingénieuse et remplit parfaitement le but qu'on se propose.

Ici se termine notre tâche ; nous voudrions être aussi sûrs de l'avoir remplie à la satisfaction de nos lecteurs que nous le sommes de ne pas nous être écartés de l'impartialité la plus rigoureuse.

A. RAUX et L. VIGREUX,

Ingénieurs civils.

MACHINES-OUTILS
A TRAVAILLER LE BOIS

(Pl. CCVIII et CCIX)

L'Exposition de Vienne présentait une collection très-complète et très-variée de machines à travailler le bois, que l'on peut ranger parmi les objets les plus intéressants de la grande salle des machines. Presque tous les pays y ont fourni leur contingent, mais l'Amérique, l'Angleterre et la France s'y sont fait remarquer, tant par l'importance de leurs envois que par les caractères distinctifs des types particuliers à chaque nation. C'est ainsi que l'Amérique avait des machines de spécialisation très-originales, l'Angleterre des outils à effets multiples et la France des machines ingénieuses, simples dans leurs mouvements et faciles à manœuvrer.

Amérique. — Les objets exposés par l'Amériqne étaient nombreux, bien choisis et nouveaux pour la plupart, ce qui s'explique parfaitement pour un pays où les grandes forêts abondent et où le bois est la partie essentielle des habitations. Les dimensions commerciales de bois varient à l'infini avec les conditions locales et la nature des essences. En Amérique, les machines à bois sont plus répandus que celles à métaux, aussi a-t-on trouvé plus naturel de les construire en vue d'une spécialité de travail, comme nous le faisons ici dans nos outils à travailler les métaux.

Les machines de M. *Whitney, de Winschendon, de Massachusets*, n'avaient pas de rivales dans toute l'Exposition. Cette collection comprenait, outre plusieurs outils ordinaires, un outillage spécial pour la fabrication des seaux en bois, planche CCIX.

Le premier de ces outils consiste en un châssis sur lequel est montée une scie cylindrique ou tambour denté, dont l'axe porte une poulie de commande faisant 1,000 tours par minute. Le diamètre du tambour denté doit être égal à celui du seau à fabriquer, afin que chaque douve soit coupée à la courbure convenable, tandis que la longueur du cylindre est égale à celle de la douve. Les plus grandes scies construites jusqu'ici ont $920^{m}/^{m}$ de diamètre et $2^{m},00$ de longueur. Il faut apporter de grands soins dans la fabrication de ces tambours dont l'épaisseur et le poids doivent être bien réguliers. La scie est formée d'un cercle en acier fixé sur le cylindre en fer. De chaque côté du bâti, à sa partie supérieure, il y a deux guides sur lesquels se meut un coulisseau relié avec le chariot qui porte le morceau de bois à découper. Ce chariot est placé entre les deux faces des châssis et peut monter ou descendre à volonté. Il se trouve au niveau du bord tranchant de la scie cylindrique, de manière à ménager entre les deux un espace égal à l'épaisseur de la douve. Pour les douves ordinaires, l'épaisseur est de $25^{m}/^{m}$. Le chariot se compose de plusieurs tringles se mouvant parallèlement à l'axe de la scie cylindrique ; celles du centre peuvent légèrement s'élever. Les extrémités du chariot sont reliées au coulisseau et la face d'arrière est munie d'une poignée pour le pousser en avant et d'un levier qui fait marcher une traverse garnie de pointes servant à fixer la pièce de bois ; l'avant du chariot possède une seconde traverse fixe garnie de pointes semblables. Voici en peu de mots la manière dont fonctionne l'appareil : La distance entre les traverses étant réglée, on lève le levier d'arrière et on place le madrier sur le chariot, on abaisse alors le levier et le bois se trouve ainsi solidement maintenu. On met la scie en mouvement, le chariot avance avec le coulisseau. Quand le chariot est arrivé à fond de course, il faut que la scie ait découpé dans le bois une courbe correspondante à celle de la scie même. On lève le levier et la douve tombe dans la boîte destinée à la recevoir. Cette machine débite environ 1,500 douves par journée de dix heures, sa production moyenne est de 1,000 douves. Une simple modification apportée à la machine permet de débiter les douves courbes dans le sens de leur longueur.

Un autre châssis plus petit porte une scie cylindrique servant à débiter les douves de seaux, en opérant de la même manière, mais le travail étant moins dur, le chariot est remplacé par un plateau placé au dessous et dans l'axe de la scie à une distance correspondante à la moitié de l'épaisseur de la douve. Des taquets de l'épaisseur des douves sont boulonnés sur le plateau qui porte une entaille courbe pour le passage de la scie. La pièce de bois se trouve pressée contre les taquets et se présente de cette manière à la scie, qui la débite en morceaux à l'épaisseur voulue.

Les douves ainsi débitées sont portées à une seconde machine qui comprend à peu près tous les autres outils nécessaires au complément de la fabrication. La douve est placée sur un support cintré suivant le rayon de la scie cylindrique, et montée sur une coulisse en avant d'une scie circulaire qui passe librement dans une fente pratiquée dans l'axe de ce support ; un calibre en bois correspondant à celui du seau fini glisse librement sur le support courbe. La douve est fixée de manière qu'un des bords couvre la fente intérieure, le coulisseau avance et la scie coupe le bord carrément, on change de côté et on l'amène contre le calibre qui en règle la largeur, on fait avancer de nouveau le coulisseau et la scie donne à la douve le cône voulu.

L'opération suivante consiste à mettre la douve de longueur : ce qui se fait simplement avec deux scies circulaires convenablement écartées. Le troisième outil sert à faire l'assemblage : il se compose de deux séries de couteaux rotatifs dont l'un fait les rainures et l'autre les languettes ; une des lames de chaque série est plate pour dresser les bords de la douve ; la profondeur de la rainure est faible, l'assemblage ne servant qu'à empêcher les douves du tonneau de gauchir. Les douves en nombre nécessaire pour former le seau sont alors assemblées et placées entre deux disques montés sur le même bâti. Un des disques est fixe, l'autre peut glisser afin de maintenir solidement le seau. Puis on tourne l'extérieur, on le polit avec une plaque garnie de papier de verre et on emmanche le cercle supérieur, que l'on entre par le fond et qu'on fait glisser jusqu'à l'endroit voulu à l'aide d'un disque qui le comprime fortement contre le bois.

Le seau est alors placé sur un tambour en fer monté à l'extrémité d'un arbre mû par une poulie. Le tambour est muni d'une garniture en bois ayant le même cône que le seau, dans le but d'éviter que le fer ne détériore les douves. Une première lame tourne l'intérieur et le biseau supérieur du seau, une seconde fait l'entaille circulaire que reçoit le fond dont le façonnage se fait entre deux disques. On le met en place, on monte le seau sur un mandrin et on fait le biseau inférieur.

Ces machines sont d'un usage général en Amérique, elles fabriquent environ trois cents seaux par jour. On les a vues fonctionner à Vienne dans les premiers mois de l'Exposition ; mais on voulut faire payer à M. Whitney un droit de fabrication auquel il se refusa, et ses machines cessèrent de fonctionner.

Un petit tour attirait aussi beaucoup l'attention. Il servait à tourner des barreaux de grilles d'ornement et toute espèce d'objets de ce genre sur une longueur maximum de 900 m/m suivant le contour voulu et le diamètre minimum de 4 1/2 m/m. Le travail s'effectue avec trois lames, la première donne à la pièce de bois une forme cylindrique régulière, la seconde la façonne suivant le contour voulu, la troisième donne la dernière passe et finit l'opération. Deux de ces lames sont montées sur un support mobile à l'avant du tour, et la troisième en arrière est aussi reliée au chariot qui lui communique le mouvement.

Le support mobile porte les deux premières lames et immédiatement derrière se trouve un anneau que l'on peut changer suivant le diamètre maximum de la pièce à tourner. Derrière l'anneau vient une lame en V fixée à une barre faisant partie du chariot, et portant latéralement un support à vive arête sur un calibre attaché à la jumelle du tour. Le contour de ce calibre correspond exactement aux moulures à donner au barreau et comme le chariot parcourt le plateau d'un bout à l'autre, les variations de positions dues au support montant ou descendant suivant la forme du calibre, se transmettent à la lame en V. La troisième lame est reliée au chariot par une console dont l'extrémité repose sur un guide à la partie inférieure du bâti portant la lame employée pour donner la dernière passe et le dernier poli. Dans sa position normale, c'est-à-dire avant le commencement de l'opération, la lame et son support forment un angle aigu avec le banc du tour, mais comme le chariot marche en avant, sa liaison avec le porte-lame fait redescendre ce dernier jusqu'à ce qu'il ait pris une position horizontale. On peut dire que la forme de la lame suit le contour du gabarit qui guide le fer en V, de manière que le tranchant suive exactement les moulures.

La disposition automatique qui marque l'arrêt du chariot à fin de course mérite une description spéciale. Le chariot est mis en mouvement par l'élévation d'un levier cintré presque à angle droit et fixé au chariot par un boulon ; une de ses extrémités est chargée d'un poids et l'autre fait une légère saillie au-dessous du chariot. Un balancier est aussi fixé à l'avant du chariot, et porte deux entailles sur lesquelles peut s'arrêter l'extrémité chargée du levier courbe, sur l'une, la plus haute, lorsqu'il fonctionne, et sur la plus basse pendant l'arrêt. En arrivant au bout de la traverse, un tourillon fixe sur le côté du tour vient frapper la partie inférieure du balancier qui, en cédant, pousse le levier du taquet supérieur vers le taquet inférieur ; et dans le cas où cette disposition n'agirait pas convenablement, un second tourillon frappe l'autre bout du levier en saillie dans le bas du chariot. Ce dernier peut être ramené à sa position normale, soit à la main, soit d'une façon automatique. Le plateau placé entre les deux lames pour supporter la pièce de bois à tourner forme un des organes essentiels de cette machine.

M. Whitney avait exposé deux scies remarquables par leur excellente construction, et aussi par quelques nouveautés dans le détail des organes. La plus grande des deux est une scie à rubans, dont voici les caractères distinctifs : premièrement, les roues sur lesquelles tourne la scie sont concaves afin d'obtenir un point d'appui suivant la ligne droite de pression de la lame, et un certain degré d'élasticité dans le cas d'un choc soudain, produit à un certain moment sur la scie. Secondement, l'arbre sur lequel est calée la roue supérieure, tourne dans des supports formant corps avec ceux d'un arbre oscillant reposant sur des boîtes que l'on peut régler, et qui sont placées sur le plateau mobile à la partie supérieure de la machine. De l'arrière de l'arbre oscillant, un bras en saillie dans la direction opposée à celle de la roue porte un ressort en caoutchouc recouvert d'une calotte en fonte. Le ressort est maintenu par un boulon qui traverse la calotte, le ressort et le levier. L'élasticité du ressort maintient la roue dans une position convenable pour tendre la scie. La moindre extension de la scie pendant sa marche est immédiatement annulée par le ressort qui permet à la lame de se resserrer. Le fonctionnement de cette disposition est si parfait que dans la pratique, les moindres variations dans la longueur de la lame produites par les changements de température sont indiquées par les mouvements du ressort en caoutchouc. Voici la troisième particularité de cette scie : au pied de la tige verticale et au-dessous de la table se trouve une douille carrée, dans laquelle on a placé un dé en métal portant latéralement des guides en bois sur lesquels sont appliquées des bandes de feutre saturées d'huile pour le graissage.

Immédiatement derrière ces guides se trouve un disque en acier destiné à résister à la poussée de la scie. Ce disque est calé en avant à l'extrémité d'un axe qui traverse le dé, et se termine par une roue qui engrène avec une vis sans fin verticale, guidée par des paliers sur la tige verticale. Cet axe est conduit par une courroie qui vient de l'arbre de la roue supérieure de la scie. Le disque d'acier tourne lentement, et comme son centre ne coïncide pas avec l'axe de la lame de la scie, il présente en tournant une surface toujours différente à l'arrière de la lame. Comme il est en contact avec le feutre huilé des guides en bois, il est constamment lubréfié, ce qui empêche l'usure à la fois sur la face du disque et sur la lame de scie.

La collection Whitney comprend une scie à évider d'une excellente facture. Cette scie est commandée par une poulie montée sur un arbre à double manivelle placé au pied de la machine. Des bielles en bois sont articulées l'une à une tige verticale, l'autre au porte-scie même, et se meuvent le long des glissières formées par la tige verticale, dont le poids correspond exactement à celui du porte-scie. La partie inférieure de la tige se termine par un bras horizontal, agissant comme balancier, dont le centre de gravité coïncide exactement avec celui de la lame, de telle sorte que la machine fonctionne dans un équilibre parfait, et par suite avec une douceur très-grande. Une disposition spéciale en forme de crochet fendu saisit la lame à sa partie supérieure, et permet d'en régler la longueur à volonté.

La machine à planer est aussi un très-bon outil. Elle se compose de quatre cylindres montés par groupe de deux sur des ressorts dont on peut régler la pression. Entre chaque paire de cylindres se trouve un ciseau dont le tranchant légèrement courbe s'ajuste avec soin et effleure presque le bord du porte-lame dans lequel il est assujetti. Le porte-lame étant en place, on fixe la pièce de bois entre les rouleaux, et on donne le mouvement au plateau. La planure ainsi obtenue est parfaitement unie. Quoique le tranchant de l'outil ait besoin d'être surveillé, il suffit d'un peu d'habitude et de soin pour obtenir, sans l'affûter, au moins 1,200 mètres de bois plané.

Cette machine comprend comme annexe un appareil destiné à l'affûtage du rabot, composé d'un châssis à deux mâchoires entre lesquelles se place le fer à affûter. On le soumet dans toute sa longueur à l'action de deux roues à émeri animées d'un mouvement de rotation très-rapide, dont l'une taille carrément une des faces, et dont l'autre fait le biseau.

La machine à raboter à plateau, du même constructeur, est bien étudiée. Le plateau mobile, de haut en bas, au moyen d'une vis, fait marcher deux plans inclinés placés de chaque côté du bâti de la machine. Le dessous du plateau porte également deux plans inclinés correspondant à ceux de la vis, dont le mouvement d'avant ou d'arrière sert à changer la hauteur du plateau. Les rouleaux de la machine sont montés sur des ressorts en caoutchouc près du rabot, de manière à bien maintenir la pièce de bois. On peut relever légèrement, au besoin, le côté du plateau qui s'engage le premier sous le rabot, de manière à aider les pièces de bois de forme irrégulière, à passer sous l'outil.

Nous mentionnerons encore : une scie mécanique double ; l'une des scies sert à refendre, et la seconde à couper en travers ; elles sont montées sur le même bâti. Une manivelle placée sur le côté du bâti fait avancer à volonté une des scies, en même temps qu'elle éloigne l'autre. La même poulie les commande toutes deux.

Une machine à percer à deux forets : elle est destinée spécialement à percer les tenons pour l'assemblage des pièces de petite menuiserie. Le plateau peut s'incliner pour laisser les bois se présenter à l'outil sous un angle quelconque.

Les forets sont montés dans un support qui tourne librement autour d'un axe, mais qu'on peut aussi rendre fixes au moyen d'un boulon, dont la tête glisse dans une mortaise pratiquée sur la circonférence du montant, autour duquel tourne le bras. De ces deux forets, l'un est commandé par une poulie montée sur l'axe de l'outil. Cet axe est renflé, en un certain point et taillé en forme de denture engrenant avec une roue calée sur l'axe du second foret.

Près des outils de M. Withney se trouvait une machine à raboter de MM. *Witherby, Rugg et Cie, de Winchester* (*Massachusets.*) Cet outil ne présentait aucune disposition remarquable, sauf un détail dont l'utilité nous a paru quelque peu douteuse. Les guides placés près des lames latérales, et contre lesquels porte le bois sont rigides d'un seul côté, tandis que de l'autre le guide est maintenu par un ressort. Si la pièce de bois présente quelque résistance irrégulière, le ressort fléchit. Cette disposition a pour objet de donner une plus grande uniformité à l'action du fer.

Un peu plus loin se trouvaient les machines de M. *Fay, de Cincinnati (Ohio)*, machine à faire les tenons et les mortaises, machine à percer, scie à rubans, etc.

Dans la machine à faire les mortaises, l'angle de la pédale qui élève ou abaisse la table sur laquelle est fixé le bois peut varier de hauteur, suivant les besoins. Le porte-outil est mu par une bielle articulée à un disque monté sur l'arbre qui porte, outre la poulie principale, une seconde poulie plus petite donnant le mouvement à une roue d'angle placée à l'extrémité inférieure du porte-lame et engrenant avec une autre roue, clavetée sur celle-ci. Tandis que le mouvement alternatif est communiqué au porte-lame par le disque, l'engrenage conique tend à le faire tourner à l'aide de la cuvette engagée dans la rainure de la roue. Cette tendance est toutefois contrariée par une came horizontale à deux détentes, marchant à l'intérieur d'un collier muni de saillies qui correspondent aux détentes de la came, et qui butent toujours contre l'une ou l'autre des deux. La courroie glisse sur les poulies jusqu'à ce que la disposition automatique employée pour changer la marche du porte-outil ait commencé à agir. Chaque fois que la table s'élève pour amener le bois sous l'outil, une barre verticale à l'arrière de la machine monte en même temps. Cette barre porte suspendue librement à son extrémité supérieure un petit levier terminé en biseau. Le collier qui entoure la came sur le couteau porte une tige horizontale garnie de saillies vers l'arrière. Quand la barre verticale descend, par suite de l'abaissement du plateau, et de ce que le levier est lui-même entraîné par l'une ou l'autre des saillies, le collier marche vers l'avant ou l'arrière selon les circonstances. Ce mouvement laisse la détente libre, et la résistance étant supprimée, la courroie cesse de glisser et l'engrenage conique fait faire à la tige horizontale et à l'outil une demi-révolution. La disposition est ingénieuse et fonctionne bien, mais elle nous paraît inférieure à celle des machines Ransome.

Dans la perceuse horizontale, la pièce reste fixe sur la table, et l'arbre transversal est mu parallèlement à l'aide d'un levier actionné par le pied de l'ouvrier. Le levier de manœuvre est muni d'une pointe en acier qui agit sur l'arbre porte-outil, ce qui évite l'usure résultant de la pression contre une languette ou une goupille, comme cela a lieu dans beaucoup de perceuses. Le plateau fixé à la colonne peut monter ou descendre, suivant la dimension de la pièce à percer, et prendre un angle quelconque pour le perçage des trous obliques; le guide d'arrêt de la pièce avance et recule à volonté, et fait avec les bords de la table l'angle jugé nécessaire.

Ces diverses positions du plateau et du guide peuvent s'obtenir avec une extrême rapidité. L'outil s'emmanche dans l'arbre par un système breveté ayant pour effet de lui donner en même temps une grande fixité et une parfaite concentricité. La vitesse de l'arbre intermédiaire est de 1,000 tours à la minute; l'outil peut prendre trois vitesses différentes, suivant la nature du bois à percer.

La machine à faire les tenons est très-bien construite. Les têtes des outils inférieures et supérieures s'élèvent et s'abaissent au moyen de vis mues par un volant à main, et sont facilement ajustées de manière à faire varier, suivant les besoins, l'épaisseur du tenon ou la profondeur de l'épaulement, le chariot restant à la même hauteur. Ce chariot a une construction particulière : il est très-léger, se meut sans difficulté et possède tous les accessoires, arrêts, tige d'extension, etc., propres à un bon service. Les chapes sont attachées aux poulies actionnant les porte-outils, de sorte qu'elles peuvent s'élever et s'abaisser avec les outils, sans avoir besoin de siége séparé. Elles sont arrangées d'ailleurs de façon à pouvoir s'ajuster indépendamment des porte-outils, si on le désire. Pour éviter les vibrations et assurer une longue durée aux arbres, M. Fay a combiné de longs coussinets et des paliers graisseurs.

Le porte-outil supérieur est arrangé de façon à couper, si cela est utile, une languette de tenon plus longue du dessus que du dessous de la planche. Les chapes pour l'arasement sont avancées et reculées par un simple écrou ; au lieu de ciseaux spéciaux, la pratique a montré qu'il valait mieux employer les dents de scie. Les outils sont faciles à affûter sur place ; la courroie qui conduit l'arbre des porte-outils est à l'une des extrémités de la machine pour ne pas gêner les mouvements de l'ouvrier. Un tendeur à contre-poids maintient toujours une tension régulière sur les poulies. La courroie enveloppe presque entièrement la surface des poulies, ce qui empêche tout glissement et permet de faire un travail plus rapide.

Les outils de MM. *Rogers et Cie, de Norwich* (*Connecticut*), n'ont rien de remarquable dans leur forme et leur exécution. Nous citerons le moyen qu'ils ont employé pour régler la position relative des axes horizontaux des lames. L'axe supérieur se règle par un volant et une vis au centre de laquelle passe une petite tige qui se termine au-dessus du volant par un levier et une manivelle. Deux contre-écrous limitent la course des volants. Lorsqu'on veut relever l'axe inférieur, on règle la position du contre-écrou supérieur ; pour changer de place l'axe du haut, on serre le contre-écrou inférieur. Et en desserrant les deux contre-écrous, le volant fait marcher les deux axes à la fois.

Dans leur machine à faire les mortaises des moyeux de roue, le mouvement du porte-lame se renverse à la main, en déplaçant à droite ou à gauche un arrêt qui vient en contact avec une rainure en spirale sur le porte-lame, ce qui change ainsi sa direction. Les surfaces à mortaiser sont tracées automatiquement par une roue à diviser, et il y a une disposition complète permettant de changer l'angle de la table dans chaque direction, de manière à obtenir des mortaises coniques sous toutes les inclinaisons.

Nous citerons encore parmi les outils américains, la machine à faire les emmanchements à queue d'hironde, de M. *Halle, de Florence* (*Massachusets*), et la scie à rubans de M. *Richards, de Philadelphie*. Cette dernière possède une disposition très-simple pour rejeter la poussière produite par la scie, et qui consiste simplement en un petit morceau de bois triangulaire placé entre la scie et la roue, et dont le sommet coïncide avec le centre de la lame. Ce qui empêche la sciure de s'attacher à celle-ci et la fait retomber à droite et à gauche sur le sol.

Angleterre. — Un premier coup-d'œil jeté sur les machines-outils de la section anglaise aurait pu faire croire que les machines spéciales les plus ingénieuses et leurs détails ordinaires de construction ne sont rien moins que d'origine américaine. Ainsi, MM. Robinson exposent les machines à faire les assemblages à queue d'hironde d'Amstrong, Ransome exposait une machine à mortaiser Richards. Mais hâtons-nous de dire que ces importations ne formaient qu'une exception, et la majeure partie des outils représentait bien l'état actuel de cette industrie en Angleterre.

Les Américains combinent leurs outils au point de vue du bon marché ; les Anglais au contraire, poussent l'étude des formes dans ses dernières limites. Les machines anglaises sont plus élégantes et mieux proportionnées.

Les plus grandes maisons anglaises étaient représentées à Vienne : MM. Robinson et fils, de Rochdale ; MM. Samuel Worssam et Cie, de Chelsea ; MM. Ch. Powis et Cie ; MM. Powis, James et Cie ; et MM. Allen Ransome et Cie, de Chelsea. Chacune de ces fabriques a sa spécialité, ses combinaisons propres. C'est ainsi que les outils de Robinson se recommandent par la solidité de leurs bâtis et l'excellence de leur exécution. La maison Worssam construit spécialement des machines à parqueterie ; Powis, James et MM. Ransome et Cie ont aussi chacun leur série d'outils construits sur les types les plus nouveaux.

Robinson et fils, de Rochdale. Nous remarquons dans la plupart des outils de ces constructeurs, et de deux ou trois autres de leurs confrères, une disposition nouvelle de bâti, dite bâti en bois semi-portatif.

Cette disposition a pour objet de remplacer les anciens bâtis qui exigeaient des fondations solides et souvent coûteuses et de construire des machines qui se tiennent d'elles-mêmes et qu'il suffit de placer sur des poutres en bois ou des blocs de pierre. Une disposition de ce genre se recommande, surtout pour le dehors, où l'on a à établir des scies près d'une rivière ou dans une forêt, et qui, en tous cas, sont destinées à changer souvent d'emplacement.

Les scies Robinson sont construites pour débiter des blocs ou des planches. Pour le premier usage, on emploie un rouleau de pression placé au centre à la partie supérieure, tandis que le rouleau inférieur agit comme à l'ordinaire.

La pression se règle sur le rouleau supérieur par une disposition un peu compliquée. Les contre-poids sont placés extérieurement au bâti, presque au niveau du sol. Une bielle verticale fixée à l'extrémité de l'arbre qui porte les contre-poids se relie à un levier horizontal, dont l'autre bout porte une patte qui s'engage dans une roue à rochet montée sur un axe spécial, et qui traverse un trou percé dans l'arbre horizontal portant le rochet en question. L'arbre sur lequel cette roue à rochet est calée dépasse le centre de la machine.

Au centre du bâti, et au-dessus de chaque rouleau de pression se trouve un guide dans lequel se meut librement de haut en bas une crémaillère dont l'extrémité est à fourchette pour recevoir le rouleau. Le pignon monté à l'extrémité de l'arbre horizontal s'engage dans la crémaillère de l'axe du rouleau de pression. On voit ainsi que le bloc de sciage se transmet par un système de bielles et de leviers à la roue à rochet et aux dents de la crémaillère, et de là au rouleau.

La roue à rainure est mue par un excentrique sur l'arbre principal au bas du châssis, dont la bielle est attachée à une barre portant une mortaise et qui communique son mouvement à la tige principale. Les scies sont maintenues dans un châssis en fer, dont la partie inférieure est reliée à une manivelle centrale au milieu de l'arbre. Quand on veut débiter des planches au lieu de blocs de sciage, on élève les rouleaux de pression du milieu et on baisse ceux de côté, au moyen de volants. On peut ainsi couper deux planches à la fois.

Ces machines demi-transportables sont construites pour couper des blocs de bois de 75 centimètres de diamètre. Celle qui était exposée pouvait fendre des bois de 40 centimètres. Elle pesait quatre tonnes et exigeait une force de trois chevaux.

Les scies sans fin de MM. Robinson ne présentaient aucune particularité spéciale.

Leur scie à évider est de beaucoup inférieure à celles de M. Whitney, dont nous avons parlé plus haut, et ne peut se comparer aux machines de M. Arbey, dans la section française. La scie en question comprend simplement un plateau, des supports formant les guides du châssis, et une barre avec deux bras horizontaux l'un en haut, l'autre en bas pour tenir la lame. D'un côté de cette tige verticale et vers le haut, se trouve un axe auquel est reliée la bielle, commandée par un petit arbre à manivelle lequel porte d'un bout une poulie et de l'autre un volant. On peut incliner la table pour découper en biseau.

La machine à faire les assemblages à queue d'hironde, système Amstrong, est le principal des outils exposés par M. Robinson, elle excitait, quoique n'ayant reçu aucun perfectionnement, autant d'intérêt qu'en 1867 (1).

C'est sous tous les rapports une belle et excellente machine, dont l'exécution est parfaite. Cette machine se compose d'un bâti supportant l'arbre moteur, et les arbres des disques sur lesquels sont fixées les scies destinées à faire les mortaises. Ces scies sont formées de lames rapportées, maintenues par des bois dans des rainures hélicoïdales sur les disques. Le pas de l'hélice est le même que le pas de la vis motrice. Les disques peuvent s'incliner. Le contour de la scie est taillé comme celui d'une scie ordinaire, et son profil se recourbe sur le dernier quart de sa longueur en équerre munie de dents, de manière à faire un angle droit avec la lame, sur une largeur qui varie de zéro à la largeur de la queue d'hironde. La planche à mortaiser est assujettie sur la table, et l'outil s'ajuste avec une jauge mobile faisant partie de la machine. La table est alors mise en mouvement par la vis motrice; la lame en entamant le bois commence par faire une entaille droite, puis lorsque la partie courbée en quart de cercle arrive à mordre à son tour, la paroi latérale de la mortaise et le fond se taillent graduellement. On peut faire ainsi à la fois une série de mortaises. Pour faire les assemblages à onglets, il suffit d'incliner la table sous un angle convenable. Le travail des tenons est exactement semblable, à cette seule différence que la partie de la scie recourbée en quart de cercle est tournée en sens opposé.

Ces mêmes constructeurs avaient exposé une machine à mortaiser. Ici la table est fixe, sauf dans le sens horizontal, pour cette raison que toutes les parties mobiles s'abaissant pendant leur marche, la courroie de commande suit les moindres variations de longueur produites par le mouvement. Elle ne présente aucune autre disposition nouvelle.

Leur machine à faire les moulures irrégulières, consiste en une table à support fixe autour duquel tourne un bras et qui supporte une poupée, de manière à obtenir un mouvement vertical en tout sens. Les poulies montées sur le support embrayent un porte-outil vertical qui peut ainsi tourner librement en

(1) Voir pour la description complète et les détails de cette machine, p. 58.

suivant tous les mouvements de la poupée. Une vis horizontale placée intérieurement à la poupée, et mue par une manivelle donne le mouvement à l'outil. La profondeur de l'entaille se règle par une vis verticale.

La vis en tournant peut faire monter l'outil et le dégager de la pièce, et il suffit d'ajuster un arrêt à la partie inférieure d'une petite roue pour régler la profondeur de la pénétration du fer. A l'autre bord de la table on a placé un outil vertical ordinaire à rotation pour faire les moulures.

Le *Menuisier universel* (general joiner), est une combinaison de machines à fonctions multiples, dont plusieurs spécimens figuraient à Vienne. C'est une machine appelée à faire toutes sortes de travaux de menuiserie ou de charpente, mais dont nous ne voyons pas l'avantage au point de vue économique. Car il est très-difficile que plusieurs outils travaillent simultanément, et dans tous les cas l'emplacement à proximité de la machine est bientôt encombré. L'emploi du menuisier universel peut seulement, dans certains cas exceptionnels, rendre quelques services dans de petits ateliers où un seul ouvrier se sert successivement de ses divers outils.

Le *Menuisier universel* de MM. Robinson, est plutôt une réunion d'outils indépendants qu'une machine multiple, tout à fait différente de celle de MM. Worssam, dont les principaux outils sont montés sur le même axe. Il comprend une scie circulaire, une machine à faire les moulures, une scie à rubans, une machine à faire les tenons, et un outil à percer et à mortaiser.

La lame de la scie circulaire est garantie par un garde-main, et la tablette porte sur le bord et dans sa longueur une rainure dans laquelle passe une lame à fendre en travers avec règle graduée servant à marquer la distance à donner aux traits de scie. La machine à faire les moulures diffère peu de la machine indépendante, décrite plus haut.

L'appareil à faire les tenons ne présente rien de nouveau; le mode à l'aide duquel on règle l'écartement des couteaux horizontaux est semblable à celui de la machine Roger, c'est-à-dire que les deux vis marchent l'une dans l'autre. Quand on veut l'employer comme machine à percer ou à mortaiser, on enlève la table de l'appareil à tenon, et on place le foret au centre du support supérieur. La scie à ruban est du même modèle, mais moins large que celles que nous avons décrite ci-dessus. Sa disposition est beaucoup moins bonne que celle de Whitney et surtout de Ramsome, dont nous parlons plus loin.

MM. *Samuel Worssam et Cie, de Chelsea*, ont exposé un certain nombre de machines, dont plusieurs présentaient un caractère spécial.

Leur scie portative à débiter les bois est néanmoins construite sur les types ordinaires. Le mouvement est donné par un excentrique placé sur l'arbre principal sur le côté de la machine, à l'opposé de celui que porte le mouvement communiqué par un petit arbre en avant du bâti, en relation d'un bout avec la tige de l'excentrique, et de l'autre avec une coulisse dans l'intérieur de laquelle se meut la bielle de commande.

Les rouleaux de pression sont placés de chaque côté du bâti, et la tension est fournie par un système de leviers et de contre-poids. Le châssis que porte la lame de scie est conduit par deux bielles extérieures au bâti de la machine, l'arbre principal a par conséquent deux manivelles.

La machine à corroyer pl. CCIX est destinée à dresser et à équarrir les fortes pièces de bois, elle peut aussi raboter les planches minces. Dans ce dernier cas, on remplace les rouleaux de pression par d'autres rouleaux de plus petites dimensions que l'on règle suivant les dimensions des bois. L'outil peut se transformer en une machine à faire les moulures, en remplaçant les fers pleins par des rabots spéciaux.

Le *Menuisier universel* de MM. Worssam (fig. 6 et 7) diffère beaucoup de celui de MM. Robinson. Il a du moins le mérite de la simplicité, mais aux dépens, selon nous, des effets qu'il pourrait produire. Il réunit toutes les diverses opérations de la scie, de la machine à percer, et des appareils à faire les moulures droites et courbes, les tenons, les mortaises à l'exception de deux petites scies circulaires horizontales servant à faire l'arasement des tenons, tous les outils sont montés sur le même arbre. C'est un sérieux inconvénient, parce que les scies, les fers et les mèches à percer marchent ainsi forcément à la même vitesse pour toute espèce de travail; de plus, quand la machine est encombrée, les ouvriers se gênent mutuellement. Les fers à rainures ne coupent que la surface supérieure, de sorte que si la pièce de bois a besoin d'être rabotée sur plus d'une face, il faut un autre outil. La disposition particulière à cette machine, pour couper les tenons, consiste en deux petites scies circulaires placées parallèment l'une à l'autre, et distantes de la longueur du tenon, elles marchent de concert avec deux scies circulaires horizontales servant à faire l'arasement. La pièce de bois est placée verticalement sur la première paire de scies, et fixée dans un chariot mobile à la partie supérieure de la machine et dont une bielle verticale règle la marche. Ce système ne vaudrait rien pour de fortes pièces de bois. La table de la scie porte une rainure convenable pour le débitage courbe, et la garde dont on peut faire varier l'inclinaison est montée avec deux vis sur la table. L'arbre principal de l'outil porte une pièce mobile à la main glissant dans une gorge à la partie supérieure du châssis pour envoyer au besoin la machine. Cette machine est moins compliquée que l'appareil universel de MM. Robinson, mais elle n'est pas aussi complète et ne donne pas le même travail. Il manque à celle-ci ce qu'il y a en trop dans la première.

Nous avons à mentionner ensuite, deux machines à débiter les parquets, l'une pour rainer les planches et l'autre pour dresser les parties assemblées et collées.

La première (pl. CCIX, fig. 1 et 2) se compose simplement d'une table de chaque côté de laquelle se meut un plateau muni de coulisseaux destinés à la conduire sur les glissières de la table, et d'un rouleau d'entraînement. C'est sur les plateaux que se placent les pièces de bois à fendre à la scie pour former les lames de parquet.

En appuyant le plateau contre l'outil tournant horizontalement, on équarrit le champ de la pièce de bois montée sur le plateau, et on le dresse en rainure ou languettes. Deux hommes placés de chaque côté de la machine peuvent débiter un grand nombre de planches. L'assemblage se fait généralement à languettes rapportées, de sorte que les planches doivent être rainées sur les quatre côtés.

La machine à raboter (pl. CCIX, fig. 3 et 4) les parquets est un simple tour avec large plateau, sur lequel on monte les pièces assemblées pour les dresser.

La scie à ruban fig. 9 consiste en une bande dentée et sans fin en acier, passant sur deux poulies animées d'un mouvement circulaire très-rapide, la matière à travailler est placée sur une table, et guidée contre la scie dans différentes directions suivant la forme de découpage que l'on veut obtenir.

Des guides sont disposés de manière à empêcher la scie de boucler, et à la maintenir toujours tendue. La table peut enfin prendre toutes les inclinaisons, en sorte que la scie peut faire les ouvrages biais de toute espèce. Elle sert aux ébénistes et aux charrons.

La machine à faire les onglets exposée par MM. Worssam, diffèrent de celle de MM. Ransome, et en ce que dans la première le bois est incliné à 45 degrés et la lame verticale, dans la seconde c'est la pièce de bois qui reste horizontale et le rabot qui s'incline.

En somme, les produits de MM. Worssam se recommandent par une bonne exécution, ils sont d'un modèle plus léger, et surtout moins compliqué que ceux de MM. Robinson.

MM. *Powvis, James et Western*, avaient à Vienne une collection d'outils très-variés.

La machine à raboter et à faire les moulures nous a paru bien agencée. Tous les porte-outils sont en dehors du bâti de la machine, de sorte que l'on peut atteindre facilement les outils pour les aiguiser ou pour les fixer. Le mécanisme qui règle l'avancement est en face, de l'autre côté de la machine, et ne présente par conséquent aucun danger pour l'ouvrier. Un disque à friction permet d'arrêter immédiatement l'avancement du bois, car le lèvier qui règle le frottement est à la main de l'ouvrier. Au moyen d'un volant à main et d'une vis, l'avancement peut être modifié sans qu'on ait besoin d'arrêter la machine pour changer la transmission, comme c'était le cas dans les anciens systèmes. Les arbres sur lesquels sont fixés les porte-outils sont tous en acier, et les outils sont équilibrés avec soin; les tiges verticales sont mobiles, de manière à se prêter aux différentes largeurs du travail, et même à la moulure par dessous. Le bâti de la machine est fondu en une seule pièce, il réunit la légèreté à la force; et à cause de sa rigidité il n'a pas besoin de fondations, et peut être placé sur tout plancher présentant une solidité ordinaire. Les rouleaux qui donnent l'avancement sont suspendus en dehors des supports, ce qui présente un avantage important : lorsque la moulure est très-inclinée, on peut facilement enlever les rouleaux parallèles et les remplacer par des cônes ayant l'angle voulu pour s'adapter à la surface du bois. Le rouleau supérieur et le rouleau inférieur sont mis en relation par un engrenage, de sorte que toute irrégularité dans l'avancement est rendue impossible. La vitesse du travail varie de 3 à 15 mètres par minute. Cette machine peut travailler des pièces depuis $0^m,08$ jusqu'à $0^m,30$ de largeur.

La plus originale des machines Powis, est une scie à trois poulies pour le travail à la main. La poulie qui porte la manivelle a un diamètre deux fois plus grand que les autres, la table peut s'obliquer à volonté, le bâti est en fonte et la tension normale de la scie sur les poulies est assurée par un ressort. Mais la vitesse est insuffisante, le frottement de la lame notablement plus élevé que dans les autres systèmes.

Aussi préférons-nous une autre scie à deux poulies, dont la poulie supérieure est montée sur un axe pouvant se déplacer dans une rainure du bâti suivant un arc de cercle, dont le rayon a pour centre la poulie inférieure. De cette façon, cette scie à ruban peut changer d'inclinaison par rapport à la table. La tension de la lame est également donnée par un ressort méplat facile à régler.

La raboteuse pour parquet se distingue principalement par la solidité de sa construction. Le système d'engrenages qui commande les rouleaux d'avancement est en acier fondu, de sorte qu'il peut résister à l'effort considérable résultant d'une marche à grande vitesse. La table de cette raboteuse porte deux outils fixes, qui après que la planche a été rabotée par les outils rotatifs ordinaires, en enlève deux légers copeaux de l'épaisseur d'une feuille de papier ; cette disposition évite de faire ultérieurement ce travail à la main. Ces outils verticaux peuvent, suivant la forme qu'on leur a donnée, faire des languettes, des rainures ou équarrir simplement la pièce de bois. Pendant ce temps un petit outil rotatif pratique une nervure sur le bord de la planche. La vitesse de marche est d'environ 550 à 600 mètres à l'heure. Toutes les pressions de haut en bas sont données au moyen de poids dont l'action est plus constante et plus facile à diriger que celle des ressorts. En somme, cette machine est bien combinée, d'un fonctionnement excellent et fait honneur à leurs habiles constructeurs.

La machine à dégaucher et à planer, est spécialement destinée aux fabricants de meubles et de pianos. La précision de son ajustage est telle qu'elle peut dresser du placage collé sur panneau sans le moindre inconvénient. Les porte-outils, les paliers et le chariot vertical sont calculés pour rendre toute vibration impossible. Un rouleau monté sur coussinets et maintenu par des ressorts, appuie sur la planche près des outils coupants. Le mouvement du plateau est obtenu automatiquement comme celui des machines à métaux par des engrenages et une crémaillère ; la vitesse varie suivant la dureté du bois, et suivant la largeur et l'épaisseur de la passe. Les planches sont assujetties latéralement par une série de pinces glissant dans des coulisses et pouvant se régler à toute hauteur. Cette machine peut raboter, suivant sa force des planches de $0^m,30$ à $0^m,55$ de largeur. La vitesse du porte-outil est de 600 tours à la minute.

MM. *Ransome et Cie*, de Chelsea, avaient envoyé à Vienne une série d'outils très-complète dont la plupart offraient plus ou moins d'originalité dans la disposition de leurs organes.

Ils avaient exposé comme plusieurs des constructeurs précédents, une *scie à débiter les bois en grumes*, qui, bien que réduite à une forme très-simple, présentait cependant une très-grande puissance. Elle est posée sur de légères fondations ; une petite cuvette placée au-dessous reçoit la sciure qui descend par un plan incliné dans une fosse d'où il est facile de l'enlever. Le porte-scie comprend au maximum quinze lames disposées pour débiter des blocs de 35 centimètres. Le mouvement de translation n'est pas donné comme à l'ordinaire par un excentrique, mais par un bouton que l'on fixe dans la rainure d'un secteur, calé sur l'une des manivelles qui conduisent le châssis porte-lames. Les rouleaux d'entraînement sont commandés par le mouvement de translation dont les engrenages sont renfermés dans le bâti creux de la machine. La pression des galets supérieurs s'obtient avec des poids disposés à angle droit avec le bâti, et dont l'accès est ainsi rendu plus commode. Le porte-scie est commandé par une couple de bielles placées de chaque côté du châssis, et articulées sur une double manivelle. Cette machine est bien équilibrée et marche sans produire de vibrations.

La scie circulaire à mouvement automateur n'est pas nouvelle par elle-même ; mais celle de MM. Ransome comprenait le mouvement d'avancement automatique breveté par ce constructeur. Une poulie à quatre vitesses monté sur l'arbre principal transmet son mouvement par courroie à une poulie semblable à l'arrière de la machine, l'arbre sur lequel est calée cette seconde poulie, porte une vis sans fin qui fait marcher une roue engrenant à l'intérieur d'une seconde roue dentée dont l'extérieur forme le tambour sur lequel s'enroule la corde du mouvement de translation. Cette corde passe sur un petit tambour tournant librement à l'extrémité du bâti et saisit le bloc de sciage au moyen d'un crochet pour l'amener contre la scie.

La scie à rubans est munie de guides en acier en dessus et en dessous de la table. Cette disposition est à la fois plus simple et moins coûteuse que celle très-ingénieuse de M. Whitney. Ces guides consistent en une barre carrée percée dans la plus grande partie de sa longueur d'une cavité circulaire. L'arrière de la scie porte contre une des faces de cette barre dans laquelle sont pratiquées de petites ouvertures en communication avec la cavité intérieure remplie de suif. Tant que la scie reste froide, le suif ne fond pas, mais dès que la lame s'échauffe, le mélange lubréfiant passe en petite quantité dans les trous et vient graisser la lame qu'elle rafraîchit. La lame est maintenue de chaque côté par des tasseaux en bois qui laissent la denture libre et dont la largeur varie avec la dimension de cette lame.

La machine à mortaiser Ransome, est construite sur le modèle Richards modifié et perfectionné. Le ciseau est fixe ; la table mobile de haut en bas peut s'incliner pour tailler les mortaises en biseau.

Le support dans lequel le ciseau se trouve fixé est commandé par une bielle articulée sur le bouton d'un disque calé sur l'arbre principal à la partie inférieure de la machine, la bielle et le disque sont cachés dans le bâti en fonte.

Le ciseau est disposé spécialement pour dégager les copeaux de la mortaise à chaque passe. Il est à deux ailes et creux à l'arrière, l'intérieur des ailes est légèrement taillée en biseau. A chaque coupe de la gouge, il se détache trois copeaux ; l'un au centre et les deux autres sur les côtés de l'entaille, celui du milieu glisse dans la partie évidée de l'arrière de la machine et se trouve refoulé par le copeau qui s'y engage dans la coupe suivante. L'action de ce ciseau est très-régulière, elle économise le temps considérable qu'exige le nettoyage de la mortaise, lorsqu'on emploie le ciseau ordinaire. La disposition pour changer le sens de marche de l'axe de l'outil est très-ingénieuse. Pour cela une corde venant d'une petite poulie sur l'arbre de commande, passe sur deux autres poulies placées à la partie supérieure du bâti et tournant à angle droit, s'enroule sur un disque à gorge horizontal, monté sur l'axe de l'outil. La corde tend toujours à faire avancer l'outil, mais elle est retenue par deux pointes engagées dans une rainure pratiquée sous le disque, l'une ou l'autre de ces pointes sert à maintenir le contact du disque avec une tige verticale munie d'une manette et mobile entre deux supports. Tant que la tige presse sur le bouton du disque, celui-ci ne peut pas tourner et la corde glisse, mais quand on abaisse la tige au moyen de la manette, le disque devient libre et se met à tourner. Si l'opérateur lâche alors la manette, le second bouton s'engage aussitôt, avant même que le disque ait complètement terminé sa révolution. Cette disposition, on le voit, est à la fois simple et commode. Cette machine possède toutes les qualités voulues d'un bon outil de ce genre; il fait pénétrer le ciseau directement, sauf pour les bois durs où il faut un outil à percer, elle entaille très-nettement les mortaises et peut aussi servir à blanchir les bois. Elle fonctionne à raison de six cents coups par minute, et peut pendant ce temps couper facilement trois mortaises.

A côté se trouvait une *machine à mortaiser à la main*, bien construite aussi, mais d'une action imparfaite comparativement à la précédente. Le ciseau plat est monté sur un axe relié par deux petites bielles à un levier à contre-poids, qui sert à la manœuvre de l'outil. Elle possède un mouvement de reversement ordinaire, comme celui des mortaiseuses de MM. Robinson. La table peut monter, descendre et s'incliner. La différence principale entre cette machine et la précédente consiste dans la manière dont les copeaux se dégagent de la mortaise. Dans celle-ci le nettoyage est plus difficile.

Nous arrivons à la classe des outils auxquels MM. Ransome a fait faire des progrès considérables, notamment aux machines à outils rotatifs à grande vitesse, telles que les machines à faire les tenons et les moulures, à raboter et à dresser. Il y a quelque temps encore la vitesse moyenne de 3,500 tours par minute était celle des meilleures machines de ce genre, les outils de MM. Ransome en font aujourd'hui 6,000; mais cette énorme vitesse n'est obtenue que grâce à leur bonne construction et à leurs formes soigneusement étudiées. Ces machines ont besoin, pour faire un bon travail d'être bien équilibrées et très-rigides, afin de réduire les vibrations autant que possible. Il faut conduire le bois à travailler avec une grande régularité de mouvement, en le maintenant solidement contre les lames. Les porte-outils rotatifs doivent être soigneusement équilibrés et supportés de chaque côté, à moins qu'ils ne soient très-courts. Dans les nouvelles machines à grande vitesse, les axes des porte-lames sont en acier fondu, les supports ont une grande largeur et le graissage se fait automatiquement.

Les machines que nous allons décrire ont été de la part de MM. Ransome l'objet d'importantes modifications qui ont eu pour résultats de leur faire produire un travail beaucoup plus net et plus prompt qu'avec les outils à vitesse ordinaire.

Machine à faire les tenons. Dans cette machine très-simple de construction, on a cherché à obtenir des lames bien équilibrées. La table sur laquelle est placé le bois à travailler, est solide quoique légère, et se meut sur des poulies de friction et dans des coulisses plates. On peut aussi faire varier sa position. Une traverse de pression articulée à l'arrière de la table sert à maintenir le bois en place. Une rainure est en outre pratiquée dans l'entretoise mobile de la table sur presque toute sa longueur, et reçoit un ressort supportant une bande de fer de la dimension de la rainure. Quand cette plate-bande n'est pas comprimée, le ressort a suffisamment de force pour l'élever de 2 ou 3 millimètres au-dessus de la barre. Mais lorsque la pièce de bois (on pourrait en placer autant que la table peut en contenir), est posée sur la table, au moment de la première entaille, son poids presse sur la lame, et si on la retourne pour couper le tenon à l'autre bout, l'épaulement du premier tenon coupé vient porter contre la légère saillie que fait la plate-bande en fer. On peut ainsi couper un certain nombre de tenons, sans être obligé de les tracer, la traverse sert de jauge et les tient tous à une longueur uniforme entre les arasements. Les lames sont disposées comme à l'ordinaire et la distance entre elles est réglée au moyen de deux manivelles dont l'une fait monter les deux lames ensemble, tandis que l'autre sert à changer leur écartement. Pour couper des tenons doubles et pour tracer les arasements, on emploie une lame montée sur un axe vertical, placé un peu en avant des lames horizontales. En réglant les positions relatives des différentes lames, on obtient des tenons de toute grandeur et de toute épaisseur.

Les deux machines à raboter et à faire les moulures exposées par MM. Ransome ne différaient que par leurs dimensions. Elles étaient construites sur les mêmes principes s'appliquant à tous les outils à travailler le bois à grande vitesse. Quatre rouleaux dont le plus élevé est cannelé, conduisent la pièce de bois, ils reçoivent leur mouvement d'une poulie à quatre diamètres, pour régler plus facilement la vitesse de marche. Sur la table d'amenage est placé un guide fixe; un petit rouleau vertical mobile dans une rainure transversale contre lequel appuie un ressort complète le guide de la pièce de bois. Une lame de pression s'abaisse sur la table au moyen d'un levier à contrepoids à l'avant du premier porte-lame supérieur.

Une seconde barre de pression placée entre la lame supérieure et les deux porte-lames latéraux agit également sur la pièce à travailler, on régle sa pression au moyen de vis verticales mobiles dans les supports fondus avec le bâti. La lame inférieure placée à l'extrémité de la machine reçoit une pression de la même manière. La partie de la table qui dépasse cette dernière lame est montée à charnière, de manière à pouvoir la baisser, pour démonter les couteaux lorsqu'on veut les affiler.

MM. Ransome construisent cinq dimensions de machines semblables, la plus grande exposée à Vienne pouvait travailler des bois de 30 centimètres sur 10.

A cette classe appartient la *machine à raboter les panneaux* en bois minces de $0^m,600$ de largeur. Quatre rouleaux à contre-poids conduisent les bois maintenus en place par deux barres triangulaires de chaque côté du porte-lame.

La machine à corroyer les bois et à dégauchir les voliges pour menuiserie peut également servir à amincir les planches. Les outils sont attachés à un porte-lame en fer forgé animé d'un mouvement de rotation très-rapide; on peut fixer à cette pièce des outils de toute forme, de manière à obtenir des moulures ou des feuillures, en même temps que la planche est rabotée. L'axe du porte-outil rotatif est en acier, et repose sur de longs coussinets portant à l'extérieur une fente transversale dans laquelle est comprimé un morceau de feutre, plongeant intérieurement dans un réservoir d'huile. Le graissage obtenu à l'aide de ce procédé, ne laisse rien à désirer et convient spécialement pour les grandes vitesses. La table est entièrement en fonte, elle est munie à intervalles convenables de griffes et de vis, qui servent à fixer solidement la pièce de bois à la place qu'elle doit occuper. La table est animée d'un mouvement de va et vient au-dessous des outils, au moyen d'un mécanisme ingénieux, beaucoup moins sujet à se déranger que le système de crémaillère habituellement employé dans ces sortes de machines. On peut faire varier l'avancement du bois entre 3 et 9 mètres par minute; la vitesse de retour est de 12 mètres. On peut changer instantanément l'avancement pendant la marche, au moyen de deux leviers obliques à la partie antérieure de la machine; l'opérateur peut ainsi gagner du temps en augmentant la vitesse, lorsque la largeur à raboter est petite, et en la réduisant à mesure que cette largeur augmente. Ce sont les mêmes leviers qui servent à mettre en mouvement et à arrêter la table mobile. Cette machine permet de raboter simultanément un grand nombre de pièces, il suffit de les placer l'une contre l'autre en aussi grand nombre que la table peut en contenir.

Le menuisier universel, de MM. Ransome diffère beaucoup de ceux de MM. Robinson et de M. Worssam, en ce qu'il est plus simple que le premier et plus efficace que le second. Le banc de la scie circulaire n'a rien de particulier sinon que le garde-corps peut s'abaisser si on a des bois à débiter en travers. La machine à faire les moulures est très-compacte et les rouleaux d'avancement sont conduits par une vis verticale à deux filets opposés, actionnée elle-même à sa partie inférieure par un engrenage. Les quatre côtés de la pièce de bois sont coupés en une seule opération. Il y a en avant et en arrière de la lame supérieure une barre de pression équilibrée; une troisième traverse fixée à un support sur le bâti, agit au-dessus du porte-lame inférieur. Viennent enfin les lames de côté, convenablement placées pour la facilité du travail. Les pièces de bois que l'on peut raboter sur cette machine peuvent atteindre 23 centimètres sur 10 centimètres. Les lames marchent à une vitesse de 4500 tours par minute, tandis que la scie ne fait que 1800 révolutions. La disposition de la machine à faire les tenons est identique à la plus grande machine de ce genre que nous avons décrite plus haut.

MM. Ransome avaient encore exposé trois autres outils, une machine universelle à faire les moulures, la machine combinée à raboter, à mortaiser et à chanfreiner, et l'appareil à affûter les lames de scie.

La première consiste en une table à laquelle est boulonnée un support mobile avec un long bras en saillie portant un chariot et une lame à rotation traversée par une vis que peut faire mouvoir une manivelle. Au-dessous et dans une ouverture circulaire de la table, tourne un second axe sur lequel on fixe une lame propre à faire les moulures, et à laquelle on peut donner toute espèce de forme.

La *machine universelle à raboter et à mortaiser*, comprend un rabot monté sur le même axe que l'outil à percer, qu'on peut employer pour faire des mortaises à bouts arrondis. La table est placée au-dessus de la lame, on peut la remplacer par deux supports disposés pour recevoir des calibres de formes courbes, suivant lesquels la pièce de bois doit être débitée. Pour faire les chanfreins, les supports sont à pan coupé. Pour les moulures, il suffit de remplacer les lames pleines par des lames à tranchant façonné. Le même bâti porte aussi une petite scie circulaire servant à débiter les bois de petite dimension.

L'*appareil à affûter les scies* n'offre rien de nouveau, si ce n'est que la pierre à aiguiser n'est autre que la roue à émeri Bessemer, dont la fabrication brevetée appartient à MM. Ransome.

La plupart des outils étaient munis d'un appareil pneumatique pour enlever les sciures ou les copeaux au fur et à mesure qu'ils sortent de la machine. C'est un simple ventilateur aspirant animé d'un mouvement très-rapide et disposé de manière à ne pas gêner le service des machines. Son fonctionnement ne laisse rien à désirer.

Les qualités qui distinguent les machines de MM. Ransome, placent ces dernières au premier rang des produits anglais. Leurs outils sont à la fois simples et bien agencés, les lames marchent aujourd'hui à une vitesse qu'elles n'avaient pas encore atteinte, et les perfectionnements de détails qui en sont la conséquence ont été heureusement combinés. Leur disposition permet de les commander par des poulies montées sur un arbre placé à la partie inférieure de l'appareil. C'est à ce point de vue la manière la plus commode. En un mot l'exposition de ces constructeurs était très-remarquable, et elle a obtenu tout le succès qu'elle méritait.

La France s'est fait également remarquer par l'excellence de ses produits. M. Arbey, de Paris, avait exposé une collection très-soignée de machines-outils parmi lesquelles nous citerons comme les plus importantes : la raboteuse à lames héliçoïdales, du système Mareschal et Godeau, une machine à façonner, une scie à ruban à pédale, une scie alternative à lames multiples, et une machine à faire les tenons au moyen de quatre petites scies circulaires.

La *machine à façonner* sert à la fabrication des raies des roues, des sabots, des bois de fusils, etc. Elle se compose d'un bâti en fonte, reposant sur un châssis en bois, d'une table glissant sur le bâti et portant les pièces à façonner, d'un cadre oscillant recevant à son extrémité les outils et les touches. Un arbre horizontal actionné par le moteur transmet le mouvement au plateau et aux outils. Le travail est produit par un certain nombre d'outils rotatifs obéissant à l'action de deux guides qui s'appuient constamment sur des gabarits en fonte ayant la forme exacte des pièces à produire. Chaque outil se compose de deux lames plates engagées dans une mortaise de l'arbre porte-outils et maintenues par deux vis de pression; l'arête coupante est en arc de cercle et la rive opposée est taillée suivant une ligne brisée, de manière à ce que les deux lames s'emboîtent l'une dans l'autre.

Les touches consistent en un manchon en acier fondu et tourné extérieurement en forme de baril suivant la courbure des outils, et accompagné de chaque bout d'un épaulement à six pans par lesquels la touche s'emboîte dans sa chaise. Ce qui caractérise la machine à façonner d'Arbey, c'est surtout la façon dont le bois est coupé; la plupart des appareils similaires ont pour outils des fraises dentelées, tournant dans un plan perpendiculaire à la direction parallèle des pièces et prennent ainsi le bois suivant son fil, au lieu de le prendre par le travers. Les fibres sont alors tranchées nettement et non pas grattées et déchirées. Dans cette machine, certains organes fonctionnent à d'énormes vitesses, en rapport avec d'autres qui se meuvent avec une extrême lenteur : ainsi l'arbre de commande fait 650 tours à la minute, celui des outils 3,200 tours, les vis font 8 tours ce qui correspond à un avancement du chariot de $0^m,08$.

Machine à raboter les bois à lames hèliçoïdales, système Mareschal et Godeau.

Cette machine, dont nous avons déjà parlée page 17, a depuis 1867 été perfectionnée par M. Arbey et n'a pas obtenu à Vienne un moins grand succès. C'est elle qui a attiré en 1873 le plus l'attention et l'examen des connaisseurs et du jury du groupe des machines-outils.

Cette machine est munie d'un porte-outil rotatif, pl. CCIX, fig. 8, armé de lames tranchantes à biseau héliçoïdal, le porte-outil peut monter ou descendre suivant l'épaisseur des pièces à raboter. Pour affûter les lames, on l'élève et on le met en contact avec une meule en émeri tournant à grande vitesse, susceptible d'un mouvement rectiligne, parallèle à l'axe de l'outil. La traverse conductrice de la meule reçoit un support qui, marchant avec elle, s'engage sous le biseau d'une lame hélicoïdale, et le fait tourner graduellement, de sorte que tous les points du tranchant sont à égale distance de l'axe du porte-outil; ils engendrent en tournant une surface cylindrique dont toutes les génératrices sont partaitement parallèles au plateau qui porte le bois à raboter.

Le plateau qui reçoit les pièces à travailler est mobile avec retour rapide et porte des griffes de serrage, il est fixé pour le cas des planches minces que l'on fait glisser sous le porte-outil à l'aide des cylindres d'amenage.

La condition principale consiste à opérer avec des lames dont le tranchant ait la forme et la finesse nécessaires pour couper et séparer les fibres qui composent le bois sans déchirures, ni arrachements. Ces machines doivent donc posséder certains caractères en rapport avec les conditions auxquelles il s'agit de satisfaire. La forme des lames tranchantes, disposées en hélice autour d'un cylindre de telle sorte que la génératrice qui passe par l'extrémité de l'une de ces lames rencontre la lame qui la précède à l'autre extrémité de ce cylindre, a pour but de rendre le travail des lames constant pendant toute la révolution du cylindre qui tourne rapidement, de présenter au bois la partie de l'outil en travail sous un angle constant le plus favorable au rabotage, et en biaisant de raboter suivant le fil ou le travers du bois. Cette disposition permet encore de ne travailler constamment que par un point du cylindre décrit par les lames, ce qui évite les trépidations, diminue l'usure ; les copeaux sont en outre rejetés latéralement et ne gênent pas la lame.

Les lames tranchantes sont très-minces (1 à 2 millimètres d'épaisseur), elles sont planes quand elles sont démontées et prennent la forme hélicoïdale du porte-outil au moyen de contre-fers qui ne laissent dépasser le biseau que de quelques millimètres. Leur affûtage est très-facile comme nous l'avons vu plus haut, sans qu'il soit utile de les démonter.

Les machines à plateaux mobiles à un ou deux porte-outils servent à raboter et à planer les bois de wagons, de charpente, de menuiserie; celles à table fixe et à amenage continu, servent à la fabrication des parquets, des moulures et en général au rabotage des bois minces.

On peut aussi les disposer pour la confection des tenons ou pour faire des biseaux, en un mot pour toute espèce de rabotage. Aussi sont-elles aujourd'hui répandues dans l'industrie où elles rendent d'immenses services.

6

L'Allemagne était représentée par un grand nombre de constructeurs, dont la plupart n'avaient fait que copier les outils étrangers. Nous citerons cependant parmi les maisons recommandables l'usine de Chemnitz (ancienne maison Hartmann), qui avait exposé entre autres outils, une machine à raboter sur les quatre faces et une machine à faire les assemblages à queue d'hironde.

La *machine à raboter et à faire les moulures* est un des meilleurs types d'outils allemands. L'amenage consiste en deux paires de cylindres dont les plus élevés sont cannelés et montés sur coussinets à l'extrémité de deux leviers. De ces leviers partent quatre tiges verticales qui passent sous la table et sont reliées dans le bas à une petite plate-forme carrée que l'on équilibre, si on veut, pour régler la pression des rouleaux. Deux petits cylindres viennent en outre presser sur le dessus de la pièce de bois, tandis qu'une griffe fixe la maintient par en-dessous. Quant à la seconde paire de cylindres, sa pression est réglée au moyen d'un levier fixé au bout de l'axe sur lequel ils tournent, et muni d'une rainure que suit un guide boulonné sur le bâti. L'extrémité de ce guide est filetée et un écrou mobile dans la rainure du levier, permet de régler la pression des rouleaux.

Les lames supérieures sont montées sur un chariot incliné, le long des guides duquel glissent les coulisseaux portant les lames et dont on peut régler la position au moyen de vis de rappel commandées par une manivelle. Les lames latérales tournent dans des supports qui glissent verticalement le long de coulisses sur les côtés du bâti; leur écartement se règle par une vis que l'on manœuvre de l'extérieur. La machine paraissait très-soignée dans sa construction.

La *machine à faire les assemblages à queue d'hironde* n'est qu'une copie de la machine américaine de MM. Robinson et fils. Dans des outils les lames de scie sont montées sur des disques formant un certain angle l'un avec l'autre. Ce sont de simples lames sur une partie de leur longueur le long de la circonférence du disque, mais sur le reste la lame est courbée à angle droit de manière à couper le fond de l'entaille dès qu'elle pénètre dans le bois. La pièce de bois est assujettie sur la table en présentant le bord en saillie qui doit être mis en prise par la scie. En changeant la courbure de la lame sur le disque, on change la profondeur des queues d'hironde. La table peut aussi s'incliner sous un certain angle.

Dans l'Autriche-Hongrie *MM. Ganz et* Cie, de Bude, avaient exposé une machine à raboter les bois de parquets, construite par eux il y a quelques années, pour MM. Neuchloss et Cie, de Pesth. Elle consiste en un grand plateau rotatif, en forme de couronne, auquel le mouvement est communiqué par une crémaillère verticale intérieure et un pignon. Extérieurement est une seconde crémaillère circulaire horizontale. La table est percée d'un certain nombre d'entailles disposées par groupes de cinq, dans lesquelles glissent des coulisseaux montés sur des vis horizontales correspondantes aux entailles et que l'on peut faire marcher au moyen de petits volants. Ces coulisseaux servent à serrer sur le plateau les pièces de bois quelque irrégulière que soit leur forme sur la longueur ou la largeur. Au-dessus de la table et placés sur le même diamètre se trouvent deux rabots que commande une petite poulie. La manière dont fonctionne l'appareil est facile à comprendre : les bois à dresser sont étendus et solidement maintenus sur la table animée d'un mouvement de rotation horizontale, ils passent sous les rabots tournant eux-mêmes à grande vitesse, et sont ainsi dressés en quelques minutes. Cette machine fournit un bon travail, mais elle nous a paru très-compliquée, et d'un prix trop élevé pour la simplicité du but à atteindre, nous lui préférons en conséquence la machine de MM. Worssam dont nous avons parlé plus haut.

La seconde *machine à raboter* exposée par ces constructeurs, sert aussi à tailler les tenons et les mortaises. Elle se compose d'une longue table supportée à chaque bout par un bâti qui porte le mouvement de commande, et dans laquelle est pratiquée une rainure. Deux guides en saillie sur la rainure servent à guider le bois que l'on place sur la table. Celle-ci est formée d'une chaîne sans fin très-solide qui passe sur des poulies convenables recevant leur mouvement de l'arbre principal, lequel donne à la chaîne un mouvement de translation continu. Les maillons sont garnis de pointes servant à maintenir le bois dans leur position. Les lames sont portées par un châssis double placé sur la table, à l'avant de laquelle sont adaptés deux rouleaux de pression. A l'arrière sont deux petites scies destinées à couper le bois exactement à la largeur voulue, au fur et à mesure qu'il avance sur la table. Ces scies sont montées sur un axe que porte extérieurement une poulie commandée par la poulie principale de la machine. Après les scies vient un second rouleau de pression, de chaque côté duquel se trouvent les deux axes verticaux qui portent latéralement les lames pour dresser et tailler le bord des planches à tenons et à mortaises. Les lames tournant sur les axes ont la forme ordinaire pour dresser les bords et tailler une languette d'un côté et une rainure de l'autre. Derrière sont des lames pleines destinées à raboter la surface du dessus. Elles sont montées chacune sur un axe distinct portant une petite poulie qui reçoit son mouvement d'une autre poulie intermédiaire. Cette machine est originale et bien combinée, son exécution est excellente, mais elle n'égale pas encore celle de M. Worssam qui coûte moins cher et produit plus de travail dans un temps donné.

Machines-outils pour la fabrication des tonneaux

Planches IV, V et VI.

L'immense production de vins dans l'Europe méridionale, celle des esprits et des liqueurs en Angleterre et en Allemagne exigent une énorme consommation des vases généralement appelés tonneaux. Ces tonneaux doivent être assez forts pour résister au poids de leur contenu lorsqu'on les transporte ou qu'on les emmagasine et capables de supporter la pression parfois considérable due à la fermentation qui se produit au sein des liqueurs de malt par exemple. Ils nécessitent par conséquent le plus grand soin dans la fabrication.

Depuis longtemps, (il y a plus de soixante ans), on cherche en France et en Angleterre à utiliser le travail des machines dans la préparation des tonneaux ; les moyens proposés ont été souvent très-ingénieux. Mais en somme on s'en est peu occupé, et c'est en Amérique, que la fabrication des barriques, des caques, des futailles et des diverses sortes de caisses plus ou moins légères ou volumineuses a pris la plus grande extension. Il y a de bonnes raisons pour cela : en Europe, les tonneaux n'ont jamais, jusqu'à ces derniers temps du moins, beaucoup servi pour l'emballage et le transport des marchandises, autres que les vins et les liqueurs, tandis qu'en Amérique les emballages circulaires sont employés pour presque toute espèce d'articles, clous, tabac, sucre, farine, fruits, etc.

L'abondance et le bon marché des bois ont conduit également à fabriquer des vases de ménage qu'on fait chez nous en métal ou en terre. La fabrication des tonneaux en Europe, celle des barils et des caisses rondes en Amérique ont fait surgir diverses inventions pour la rendre plus facile et plus économique.

Les machines américaines employées pour les objets de petites dimensions ne conviennent pas aussi bien chez nous, où l'on n'a pas à travailler les mêmes bois. Pour les tonneaux bien fermés, bien joints, qui contiennent des liquides, on emploie en Amérique des douves travaillées à la machine, tandis que pour ceux qui sont destinés à renfermer des substances sèches, les douves sont fendues au ciseau. Aucun de ces moyens ne peut être adopté en Europe ; peu d'espèces de bois sont exempts de nœuds et assez droits pour être ainsi débités. Le sapin ne se fend pas bien à la machine et de plus les nœuds dont il n'est pas exempt brisent les outils, se détachent et tombent lorsque les douves sont sèches.

Voici la description des différentes machines que construisent MM. Allen, Ransome et Cie, de Chelsea, à Londres, pour la fabrication des barils, des petits tonneaux et autres objets légers du même genre employés en Europe. Elles se rapportent à une fabrication qui tient le milieu entre celle des tonneaux d'Europe et celle des barils de moindre importance si communément employés en Amérique. Ces machines servent à fabriquer des barils de 300 à 800 millimètres de longueur sur 200 à 500 millimètres de diamètre.

Le bâti présente en général cette particularité qu'il est disposé pour recevoir à volonté telle ou telle pièce, échanger, combiner les lames et les outils. Ordinairement il n'y a pas avantage à concentrer tous les outils sur un même bâti, mais dans le cas particulier au genre de travail dont il s'agit, la construction est plus simple et coûte meilleur marché.

Débitage des bois à douves.

Les fig. 1 et 2, pl. IV représentent la scie servant à fendre les madriers dont on fait les douves, et au besoin à scier les planches, dont sont formés les fonds.

La machine est à mouvement rapide, le madrier est poussé à la main, et la vitesse du débit dépend de la force qui fait avancer le bois. Au-dessous du madrier *a* se trouve une table mobile, sorte de chariot formé d'une planche divisée en deux, comme l'indique le plan fig. 2. Cette table se meut sur une série de rouleaux *ii*, dans le but de diminuer le frottement et de ne faire supporter au madrier d'autre résistance que celle de la scie.

Le madrier est dirigé par un calibre dont on peut modifier la position à volonté et que l'on voit en *c*.

La disposition de cette machine ressemble beaucoup à celle d'une scie mécanique ordinaire, mais à cette différence près que l'ouvrier n'a pas à pousser le bois dans un sens ou dans l'autre sur une surface fixe et que la vitesse de l'opération ne se trouve limitée que par la résistance de la scie sur le bois. Un seul homme peut scier en dix heures plus de 20 mètres cubes de bois rond en flaches de 5 à 6 centimètres.

Scie pour couper les douves de longueur.

La planche une fois sciée à la machine que nous venons de décrire est généralement assez longue pour faire deux ou trois douves. Il s'agit de les couper de longueur voulue. L'opération se fait à l'aide de la machine *e* et de la scie à fendre *c* représentée par les figures 3 et 4, pl. VI, pour les douves plates, montées l'une et l'autre sur le même bâti et fixées par des boulons emmanchés dans les mortaises *o o*, fig. 3, pl. V. La table est montée à charnières de manière à pouvoir enlever facilement les scies en cas de réparation. Une jauge mobile glissant dans une rainure pratiquée sur la table *s*, sert à la fois à limiter la longueur des pièces et les couper au trait carré. Quand les planches sont débitées de longueur, il s'agit de les fondre, pour en faire des douves dont la forme et la dimension dépendent du genre de vases qu'on veut fabriquer. Les douves peuvent être sciées plates pour fabriquer des tonneaux de forme polygonale, ou suivant une section courbe variable avec la dimension du vase à construire, et la différence de diamètre entre le bouge et les fonds.

Débitage des douves plates.

Pour les petits tonneaux à bon marché, ceux qui contiennent des substances sèches ou plastiques, les douves sont ordinairement plates. Les planches débitées à la scie *e* sont ensuite fendues à la scie *c*. Cette dernière est très-mince pour diminuer le déchet résultant du trait de scie et régler plus facilement son mouvement avec les guides. Le guide consiste en deux barres de bois dur qui portent légèrement de chaque côté contre la lame de scie et qui, tout en empêchant de dévier, la lubrifient au moyen d'une garniture logée dans des cavités de chaque côté des deux barres. Pour les vases de bois à douves plates, l'opération suivante consiste à faire l'emboîtement et à chanfreiner les bords.

Mais avant de décrire les machines employées à ce travail, nous avons à parler des scies à débiter les douves courbes. Quant aux diverses opérations qui suivent le débitage du bois, elles sont les mêmes dans les deux cas, et n'exigent aucune modification importante dans les machines.

Scie à ruban pour le débitage des douves.

Les fig. 5, 6 et 7, pl. V représentent une scie à ruban servant à débiter les douves et dont les avantages sont les suivants : réduction des déchets par suite du peu d'épaisseur de la lame, application facile à toutes les dimensions et courbures, douceur du mouvement en raison de la direction de la lame agissant parallèlement au grain du bois. La fig. 7 indique clairement le mode d'action de la scie ; *e* est un morceau de bois scié à l'épaisseur qui correspond à la largeur des douves; cette largeur, pour de petits vases, varie du cinquième au septième de leur diamètre, *m* est un chariot à pivot commandé par le manche *s*, et dans lequel glisse le morceau de bois qui repose sur la partie concave *c*. Avec le manche *s* on amène le bois en contact avec la scie *a* et la douve se trouve découpée. Lorsqu'on baisse le manche, le bois retombe assez pour qu'on puisse découper une autre douve. L'épaisseur, qu'on peut changer à volonté, se règle par une cale qu'on place entre le support et le bâti principal. Les fig. 5 et 6 indiquent suffisamment la construction de la machine pour qu'il soit inutile de la décrire plus amplement. Des chariots de différents rayons permettent de débiter des douves de toutes grandeurs. Cette machine porte en même temps une scie circulaire *d* (fig. 6) pouvant remplacr la machine décrite dans les fig. 3 et 4 pour le débitage des douves plates. Cette combinaison peu compliquée permet de couper à volonté les douves plates ou courbes sur le même bâti.

Scie cylindrique pour couper les douves.

Les fig. 1 et 2 pl. V représentent une machine destinée à scier les douves au moyen d'une scie cylindrique. Ce genre de scie peu connu en Europe est très-employé en Amérique pour les petits barils, les cuves, les seaux, etc. Elles sont d'une fabrication assez difficile et causent un grand déchet, ce qui motive sans doute le peu d'empressement à les admettre ici quoique très-simples et faciles à conduire. Il est cependant des cas où elles sont très-utiles, lorsqu'il s'agit par exemple de transformer en douves des déchets de scierie. Leur construction exige des outils spéciaux, des soins particuliers pour la trempe et la taille. Le cylindre principal n'est pas trempé, il porte sur le bord antérieur une couronne de quelques centimètres de largeur sur laquelle les dents sont taillées, elle est soudée au cylindre et peut se remplacer lorsque la denture est usée.

La scie est représentée en *c*, *a* est la pièce de bois à couper, *e* le chariot sur lequel elle se meut et qui sert à dégager la douve lorsqu'elle est découpée. Les supports de l'axe de la scie sont montés dans les rainures *o o*, en sorte qu'il est facile d'adopter, selon les besoins, des scies d'un diamètre plus ou moins grand, puisqu'il suffit de baisser ou d'élever les coussinets dans les coulisseaux Les scies employées le plus généralement en Amérique pour cet usage ont 60 centimètres de diamètre. Une seule, deux au plus, suffisent pour une fabrication continue d'une certaine importance.

Laminage des douves.

Le procédé à l'aide duquel on donne aux douves la courbure et le cintre permanent qui leur convient est comparativement nouveau comme application, bien qu'il ait été breveté en 1853 par W. E. Newton. Il consistait à faire passer les douves entre deux cylindres, comme ceux qui servent à cintrer les plaques métalliques. La machine que nous décrivons fig. 3 et 4, pl. V. en diffère en plus d'un point.

Le degré de courbure que peuvent recevoir les douves dépend de la nature du bois et de son état au moment de l'opération. S'il est humide ou vert, la courbure et le cintre peuvent dépasser la limite nécessaire à la forme du vase, mais s'il est sec et dur, le bois risque de se fendre avant d'avoir pris sa forme définitive et permanente. Cependant il arrive quelquefois que le laminage détruit la rigidité du bois et lui donne sans avarie la forme qu'il doit avoir.

Dans la fig. 14, *c* est le cylindre à surface plane pour le cintrage seul, ou à surface courbe pour le laminage des douves à section traversale creuse. Ce dernier n'est pas employé lorsque les douves sont débitées à la courbure voulue avec l'une ou l'autre des machines décrites plus haut. Le châssis mobile pivote en *s* pour donner au bouge la courbure convenable. Cette courbure étant sensiblement constante, la longueur du rayon correspond aux vases de dimensions différentes, autant que le bois est de qualité uniforme et que le degré de cintrage est le même. La forme mobile *m* est disposée de manière à donner la rigidité nécessaire à la barre, en changeant la forme en même temps que le cylindre, on obtient des douves de diamètres différents. L'inspection des figures suffit pour faire comprendre la marche du rouleau. On manœuvre à l'aide de la poignée *a* le balancier ou forme *m* qu'on amène en arrière, on place une douve *n* contre cette forme, et on fait osciller celle-ci en sens inverse de manière que le cylindre *c* vienne toucher la douve qui se trouve ainsi entraînée jusqu'à ce qu'elle ait dépassé le cylindre. La pression est réglée au moyen d'un ressort *o* (fig. 10) qu'on peut serrer par des écrous, et qui obvie aux irrégularités dans l'épaisseur des douves résultant d'un sciage imparfait. Le cylindre *c* est mis en mouvement par une paire d'engrenages.

Cette opération peut précéder ou suivre la préparation de l'emboîtement et le chanfreinage du bord des douves; néanmoins après l'assemblage on risque moins de les fendre, leur largeur se trouvant réduite aux extrémités, et c'est ce qui arrive parfois au moment où la douve s'engage entre le cylindre et la forme. Lorsque le laminage a lieu sans employer de forme, les douves se fendent beaucoup plus facilement et ne se laissent comprimer qu'après avoir été mouillées ou exposées à la vapeur.

Préparation des joints et chanfreinage des douves.

Parmi les différentes opérations auxquelles on ait appliqué les machines, aucune n'a été essayée d'autant de manières que la préparation des joints et le chanfreinage des douves, non pas tant à cause des difficultés qui se sont présentées que par la multiplicité des moyens qu'on peut employer.

Si on cintre une douve à la forme qu'elle doit avoir lorsque le vase sera fini, les bords sont dans un plan passant exactement par le centre du vase, on peut donner le chanfrein convenable avec des lames droites et si on veut tailler à la fois les deux bords de la douve, la direction de la coupe de chaque bord est un rayon du vase. C'est ce que représente le diagramme (fig. 8, pl. IV), *t* est le centre imaginaire du vase dont la douve *c* fait partie et d'où part le rayon suivant lequel elle doit être chanfreinée.

Avec le mode de rabotage ordinairement employé, les axes des arbres porte-lames sont parallèles aux lignes ponctuées, et les lames ont leur tranchant parallèle aux arbres de sorte qu'en rapprochant ou en éloignant les arbres du centre *t* ou ce qui est la même chose, en faisant mouvoir la douve, on obtient le cône voulu. Ce mode d'opérer s'applique naturellement aux douves que l'on n'a pas encore cintrées, on peut également les cintrer et les chanfreiner avec des lames coniques comme l'indique la figure.

Les fig. 5 et 6 pl. V représentent une machine à chanfreiner d'après le système indiqué ci-dessus, *b* est le chariot mobile sur les glissières *c*, *e* la douve dont on fait les joints. Derrière la douve on voit le calibre en bois qui sert à lui donner le degré de courbure demandé. Les douves sont engagées dans la forme au moyen du levier à came *m* et maintenues fortement le temps qu'elles passent entre les deux lames coniques (fig. 8 pl. IV). Ces lames sont fixées sur le support *n* plus ou moins haut suivant la largeur des douves, et sans aucun ajustement spécial. On leur donne à la meule la forme exacte qui convient suivant le cône du tonneau à construire.

En général les calibres sont fournis avec les machines. Dans celle que nous venons de décrire, le mécanisme est disposé pour fabriquer des douves de largeur uniforme; lorsque pour terminer, il faut une douve plus étroite, on la fait passer une seconde fois entre les lames.

On obtient des douves de différentes largeurs, avec la machine (fig. 9 et 10, pl. V). Elle est très-répandue en Amérique, et produit un travail soigné mais moins rapide que la précédente, *a* est un disque en fer monté sur un arbre de commande *m* et portant plusieurs lames *i* placées en diagonales. Un châssis oscillant *c* a son axe dans le plan des lames, sur une ligne qui passe par le centre imaginaire du vase à fabriquer, comme cela a eu lieu avec les lames coniques. La douve *e* est fixée par pression à ses extrémités sur la forme, au moyen d'une vis et d'une manivelle. Le châssis *c* est alors dirigé de droite à gauche pour amener le bord de la douve en contact avec les lames raboteuses. C'est l'ouvrier qui détermine la largeur de la douve, en observant le moment où la rainure est faite dans toute sa longueur.

Comme nous l'avons dit en commençant, la forme des douve varie avec la dimension des tonneaux, avec leur forme, leur qualité. Les machines sont disposées pour se prêter à tous les cas, et les modifications, lorsqu'il y en a, ne portent que sur les détails.

Assemblage des douves.

L'opération qui suit le chanfreinage est généralement l'assemblage des douves pour former le tonneau prêt à recevoir les cercles de retenue aux deux extrémités. C'est du moins l'ordre suivi, lorsqu'on termine les vases sur place ; mais lorsque les douves et les fonds constituent autant d'articles séparés et dont le montage se fera au lieu où les vases seront employés, on termine les douves et on fait les gorges sans s'occuper la plupart du temps du montage.

Quelquefois on termine les douves, on fait l'assemblage et on les démonte ensuite pour les mettre en paquets afin de faciliter le transport de la manutention.

Les machines à rainer et à jabler les douves sont décrites plus loin.

Les fig. 1 et 2 pl. IV représentent la machine servant à faire le serrage des douves.

Dans la fig. 2 *aa* sont deux manchons qui se meuvent le long de l'arbre *e*, au moyen de la vis *i* à filets contraires de manière à pouvoir s'éloigner ou se rapprocher l'un de l'autre.

Ces curseurs portent chacun un bouton auquel s'accroche la corde qui entoure le vase en tournant la manivelle dans le sens convenable, les curseurs s'écartent, tirent la corde d'une même quantité à ses deux bouts et produisent ainsi un serrage qui amène les douves en contact, et facilite la pose du cercle. Le vase est également maintenu à sa base dans un cercle porté par les mâchoires mobiles *oo*. Lorsque la partie supérieure reçoit le serrage, les douves viennent porter dans le bas contre le cercle qui les maintient et fait corps désormais avec elles.

Pour les vases de petites dimensions, on garnit l'intérieur du châssis *s* d'un certain nombre de bagues et on adopte un cercle de dimension convenable pour la partie inférieure, que l'on fait entrer au moyen des mâchoires *oo* en serrant plus ou moins les douves. On voit en *d* sur la fig. 2 la série d'anneaux qui permettent de placer les mâchoires sans en mesurer d'avance l'emplacement, et sans le secours d'un mécanisme compliqué pour les faire agir simultanément et concentriquement.

Les tonneliers ont toujours assemblé les douves au moyen de cordes, et c'est le mode de traction qui seul a varié suivant les circonstances. L'appareil ci-dessus sert, comme on le voit, à la fois à la mise en forme et à l'assemblage. Pour les tonneaux de grande dimension, on opère la mise en forme à l'inverse du procédé ci-dessus, c'est-à-dire en mettant le fond fermé en dessus, et après l'avoir cerclé en portant le vase une seconde fois sur la machine de serrage pour fermer l'autre côté.

Formation de la rainure et du jable.

Plusieurs opérations sont nécessaires pour disposer les extrémités des douves à recevoir les fonds ; elles consistent à faire la rainure et le jable, et s'accomplissent parfaitement bien sur la machine (fig. 3 et 4 pl. VI). Les tonneaux assemblés sur la machine décrite ci-dessus sont placés dans la position *e* du plan (fig. 4). A l'intérieur des deux supports *a* se trouvent deux cercles dentés ayant à leur périphérie une sorte de collet. Ces supports sont animés d'un mouvement de rotation qu'ils reçoivent par l'intermédiaire de la denture intérieure avec laquelle engrènent deux pignons montés sur l'arbre *c*. Un des châssis *a* est fixe, l'autre peut se déplacer à l'aide de la manivelle et de la vis *d*. En faisant mouvoir les deux supports *a* à la fois, le vase *c*, en raison de sa forme conique, est fortement serré entre les supports et les cercles dentés et peut tourner en agissant sur la manivelle *s*. On amène alors les deux lames en contact avec l'extrémité des douves, on fait tourner le tonneau au moyen de la manivelle *s*, les lames dressent l'intérieur et forment les rainures et le jable en biseau.

La fig. 5 montre la section des lames. On voit en *a* et en *e* les deux petites scies circulaires entaillées sur leurs circonférences pour recevoir les lames courbes *cc*. La douve *m* indique le mode d'action des lames : la plus large des scies agit dans le sens de la longueur, la plus petite fait la rainure et les lames courbes *c c* sont chargées de raboter l'intérieur et de faire le biseau du jable aux deux extrémités. Les deux scies et les lames sont fixées, comme on le voit, par des boulons ; de plus, les trous dans les lames sont ovales pour pouvoir les régler lorsque les scies s'usent et diminuent de diamètre. Cette disposition présente, par l'emploi d'une scie circulaire pour former le jable, un perfectionnement notable sur les outils à jabler à un seul tranchant, en ce que la scie marche très-longtemps sans avoir besoin d'être affûtée et fait ce qu'on appelle de l'ouvrage fini.

Avec les machines de plus grande dimension, la force motrice remplace le mouvement à la main pour faire tourner le tonneau. Pour les petites pièces, l'appareil serait trop compliqué, et le travail à la main est aussi bien fait.

Les deux machines que nous avons à mentionner maintenant ne faisant point nécessairement partie du matériel n'exigent pas une description détaillée. Nous l'avons déjà dit, il est rarement bon de terminer les douves une par une : il vaut beaucoup mieux assembler les tonneaux avant de faire les rainures ou jables destinées à recevoir les fonds, lors même qu'on les démonte pour les transporter. Il s'agit, dans ce cas, bien entendu, des objets légers de tonnellerie, aussi y a-t-il lieu d'employer des outils peu compliqués. La machine à jabler (fig. 8 et 9 pl. VI) est munie de lames semblables à celles de la machine décrite plus haut. La douve *a* est cintrée au moyen d'un arrêt monté sur le levier *c* et dont les extrémités viennent presser avec les formes *ec*. On place la douve, on abaisse le levier, la douve passe devant les deux lames *o o* et les extrémités sont coupées suivant la forme voulue, après quoi elle quitte la machine.

L'examen des fig. 7, 8 pl. V suffit pour comprendre le jeu de la machine qu'elle représente. En levant le chariot *a* pour amener la douve *e* en contact avec les lames *c*, le crochet saisit la douve et lui donne le cintre, mais comme cette opération doit être terminée avant l'entrée en action des lames, un ressort *m* fait fléchir le crochet dès que la douve est cintrée et vient en contact avec la vis d'arrêt *n*. En abaissant le chariot *a*, les écrous *i* arrêtent le crochet *s* et abandonnent la douve. Les lames ont toujours la même forme, si ce n'est que leur diamètre doit avoir celui du vase auquel les douves sont destinées.

Préparation des fonds.

La machine (fig. 6 et 7 pl. VI), la dernière dont nous ayons encore à parler, sert à préparer les fonds. Elle réunit les trois outils différents nécessaires aux opérations que nécessite la préparation des fonds de tonneaux, non compris cependant le débitage à la scie des planches et des sommiers.

Très-souvent, et pour les gros ouvrages, les opérations sont réparties sur cinq machines différentes : débitage des fonds dans les madriers, assemblage en deux ou plusieurs morceaux, perçage des trous de goujons, découpage circulaire, tournage et chanfreinage. La machine dont nous parlons ici peut effectuer ces diverses opérations sur un seul bâti sans complication ni changement de pièces ; il ne serait pas possible, en revanche, d'y ajouter quoi que ce soit pour en augmenter l'action productrice.

D'un côté se trouve une scie circulaire *a* montée sur un bâti solide *b* et disposée pour débiter dans des planches les morceaux devant former les fonds, et pour en préparer les bords avant de faire l'assemblage des diverses parties. Quand il s'agit de découper l'emboîtement, on place le bois en travers de la table et on amène la scie contre les bords. On peut tailler plusieurs morceaux à la fois.

Lorsque le fond est en plusieurs pièces, il faut les goujonner, afin de pouvoir couper, tourner et chanfreiner le fond. L'outil à percer indiqué en *c* se compose de deux arbres espacés à la distance comprise entre les trous de goujons et d'une tablette pour supporter et guider le bois qu'on fait avancer à la main.

Le troisième outil est un tour à découper servant à finir les fonds ; le bois est maintenu entre deux plaques à l'avant et tourne à grande vitesse, au moyen des poulies *n*. Le découpage se fait à la scie. Cette scie *e* ayant la section d'un cylindre de 8 à 10 centimètres de long, est mise en mouvement par le levier *o* (fig. 7, pl. VI) et découpe le fond *h*, indiqué en ponctué sur la fig. 6. On règle l'appareil suivant le diamètre des fonds par les segments concentriques *e* entre lesquels on maintient la scie au point voulu. Quand le bois *h* est découpé, les coins tombent et sont arrêtés par la tablette *i* qui protège en même temps l'ouvrier.

On voit en *m* le système, suivant lequel on fait le biseau du bord : deux outils mobiles qu'on manœuvre à la main forment le biseau d'un côté du plateau et taillent les bords en rapport avec la feuillure creusée dans les douves par la machine spéciale décrite plus haut.

L'arbre de commande est formé de deux axes, l'un à l'intérieur de l'autre. Le plateau d'avant est monté sur l'axe intérieur, et la force motrice s'applique sur l'axe extérieur. Ce dernier porte un petit plateau *x*, et c'est entre les deux plateaux que se trouve maintenu le fond de tonneau ; une rondelle en cuir interposée entre eux facilite le serrage de la pièce ; le fond est entraîné par le frottement seul de la rondelle. Cette disposition a l'avantage de permettre l'arrêt instantané de la machine en cas de rupture d'une pièce quelconque en mouvement ou s'il survient un obstacle à la marche du plateau en bois. On peut en outre monter ou démonter les pièces sans enlever la courroie de commande.

L'appareil comprend encore un système de ralentissement pour arrêter l'appareil lorsqu'on enlève une pièce ou qu'on ramène en arrière la vis *y* pour le desserrage. On voit en *g* (fig. 6, pl. VI) un disque en fer fixé sur l'axe intérieur en arrière. Lorsqu'on fait cesser la pression de l'autre bout, le ressort *f* pousse l'axe en avant et fait porter le disque *g* sur une cheville en bois *t*, ce qui établit par le frottement une résistance capable d'arrêter le mouvement de rotation et diminue le temps nécessaire à l'enlèvement de la pièce et à son remplacement par une nouvelle.

Ici se termine la description des machines les plus importantes de la fabrication mécanique des tonneaux. Celles qu'on emploie d'ordinaire pour le rabotage des douves, la fabrication des cerceaux en bois, etc., n'offrent aucune particularité nouvelle et n'ont point été l'objet d'études spéciales.

Paris. — Imprimerie Polytechnique de E. Lacroix, 54, rue des Saints-Pères.

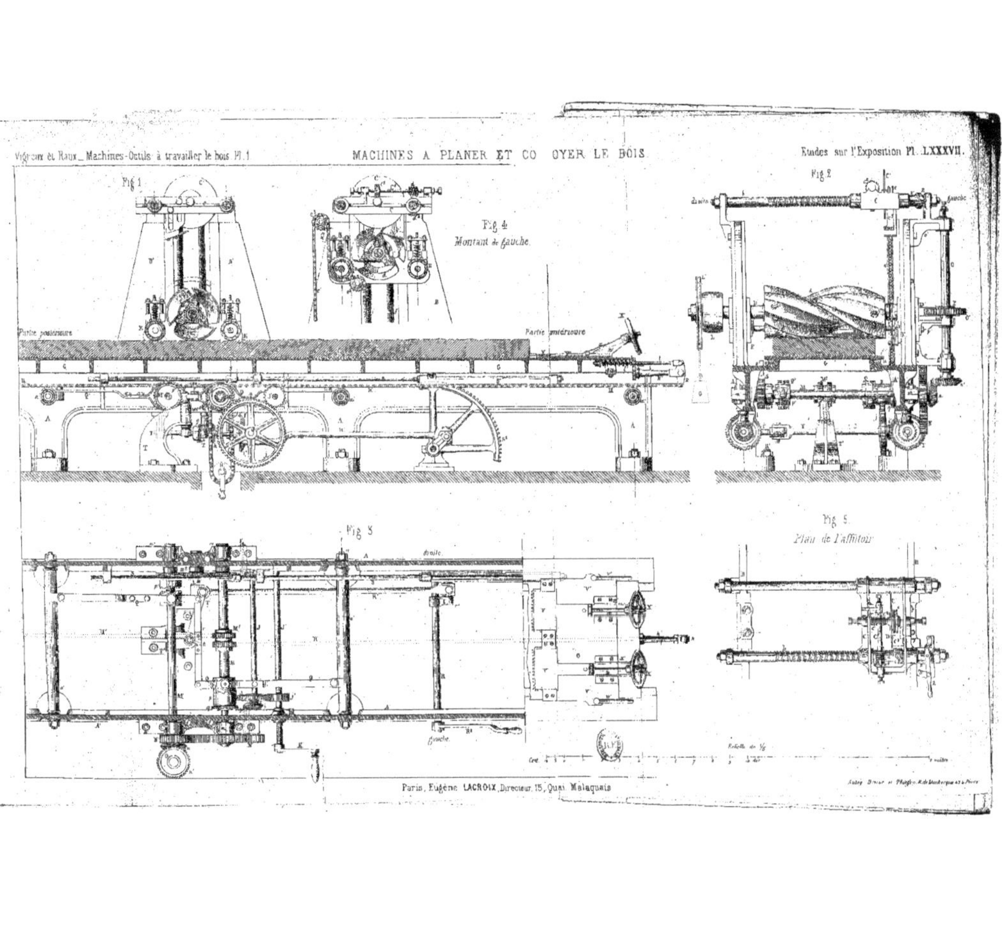

Paris, Eugène LACROIX, Directeur, 15, Quai Malaquais

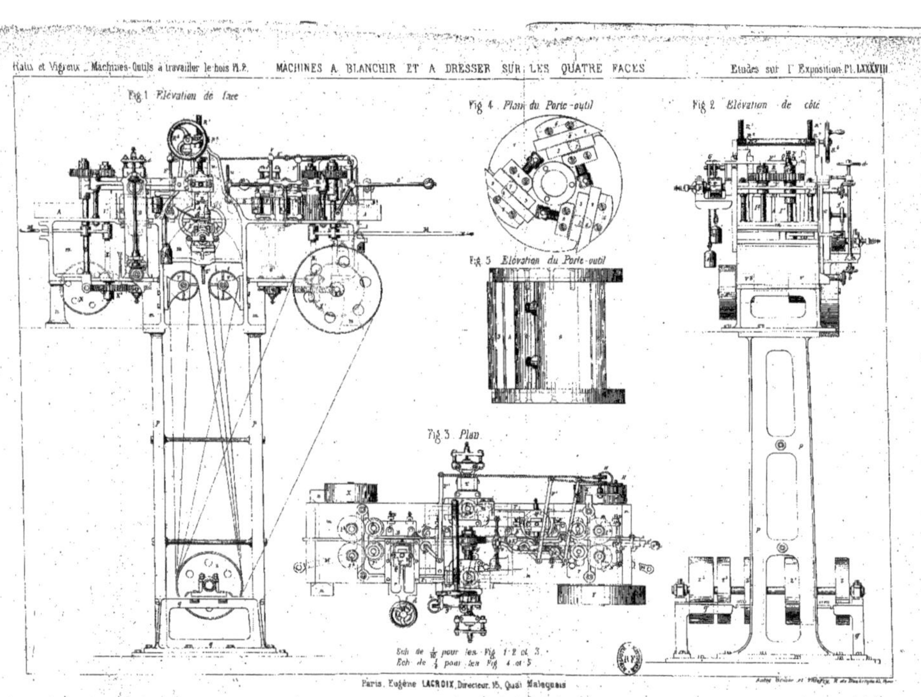

Paris, Eugène LACROIX, Directeur, 15, Quai Malaquais

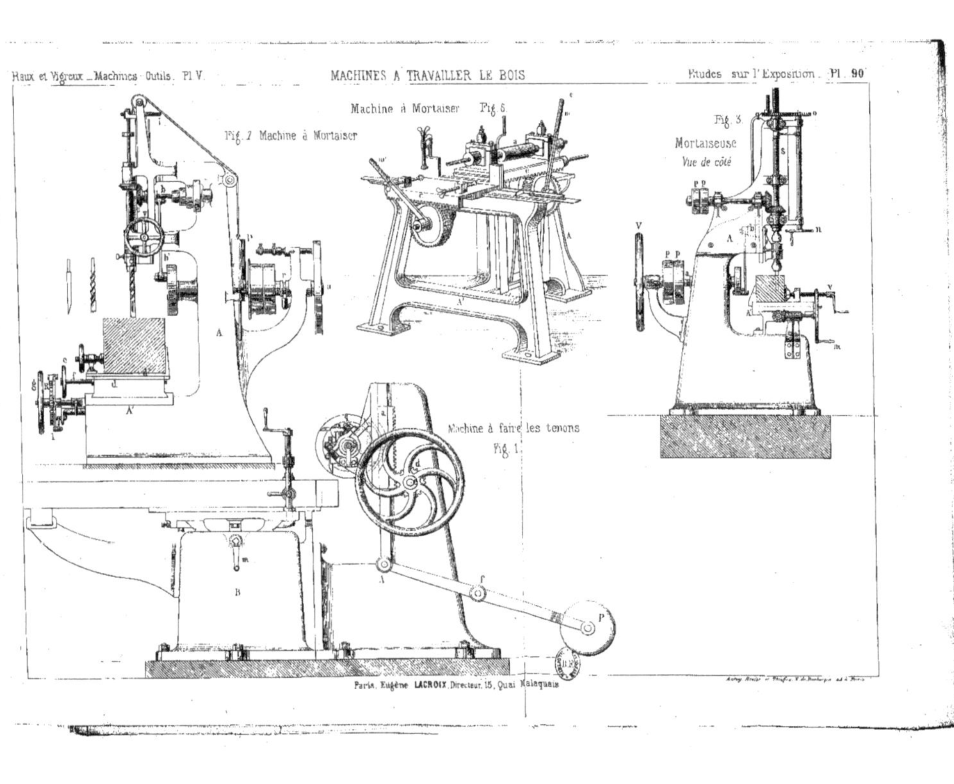

Paris, Eugène LACROIX, Directeur, 15, Quai Malaquais

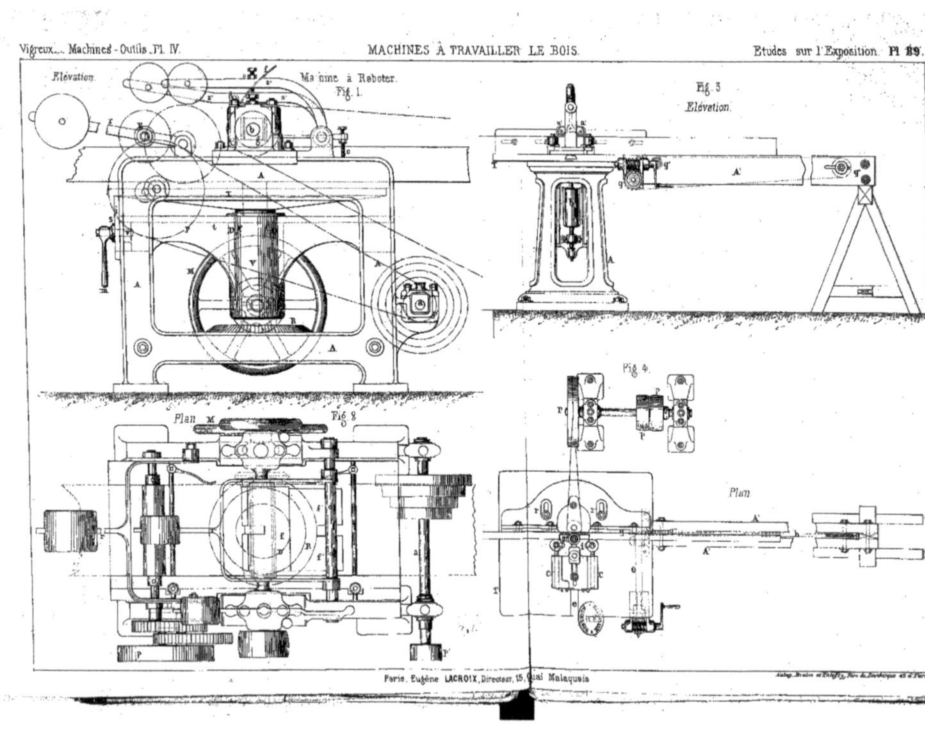
Vigreux... Machines-Outils Pl. IV.
MACHINES À TRAVAILLER LE BOIS.
Etudes sur l'Exposition Pl 89.
Elévation
Machine à Raboter.
Fig. 1.
Fig. 3
Elévation.
Fig. 4.
Plan
Fig 2
Plan
Paris, Eugène LACROIX, Directeur, 15, Quai Malaquais

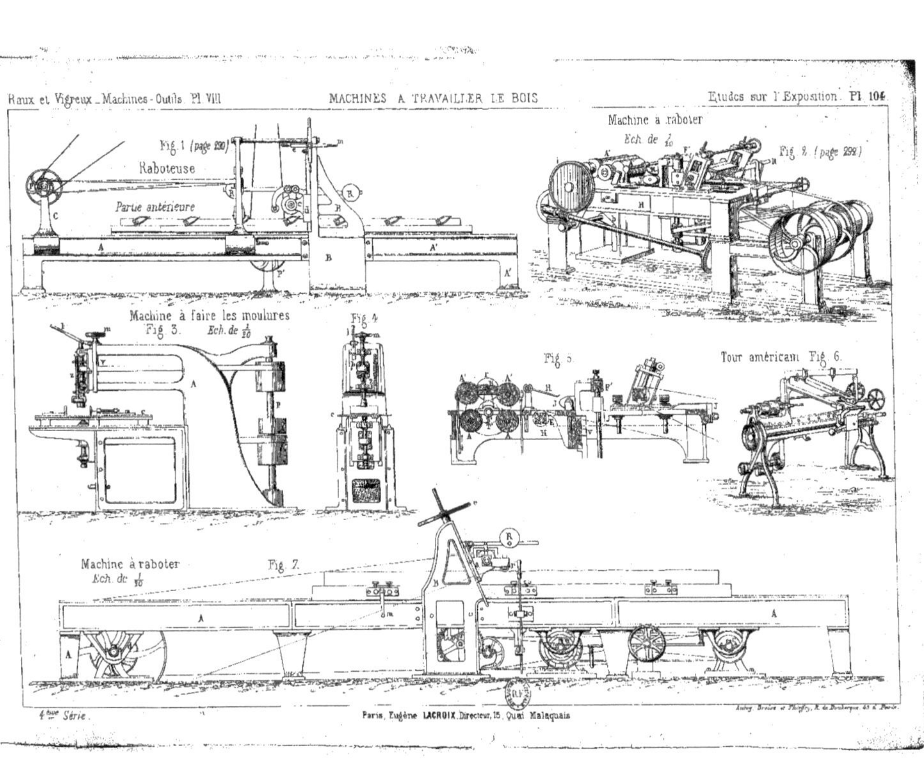

Paris, Eugène LACROIX, Directeur, 15, Quai Malaquais

MACHINE A MORTAISER LES BOIS DE CHARPENTE

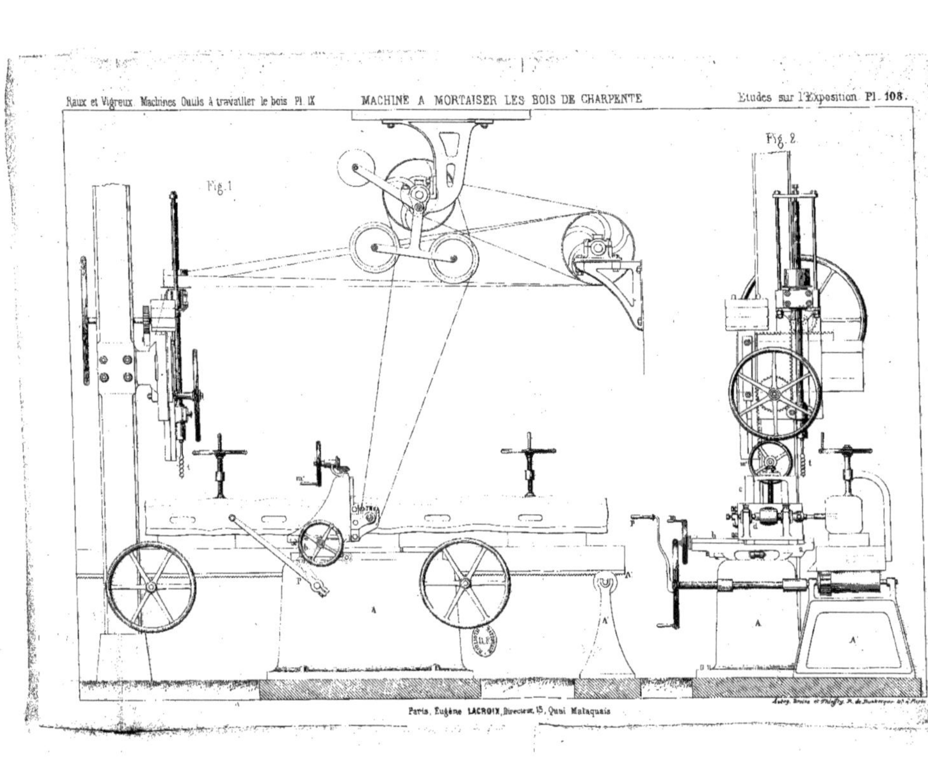

Paris, Eugène LACROIX, Directeur, 15, Quai Malaquais

MACHINE A TAILLER LES QUEUES D'ARONDES

Système Armstrong. Breveté s. g. d. g.

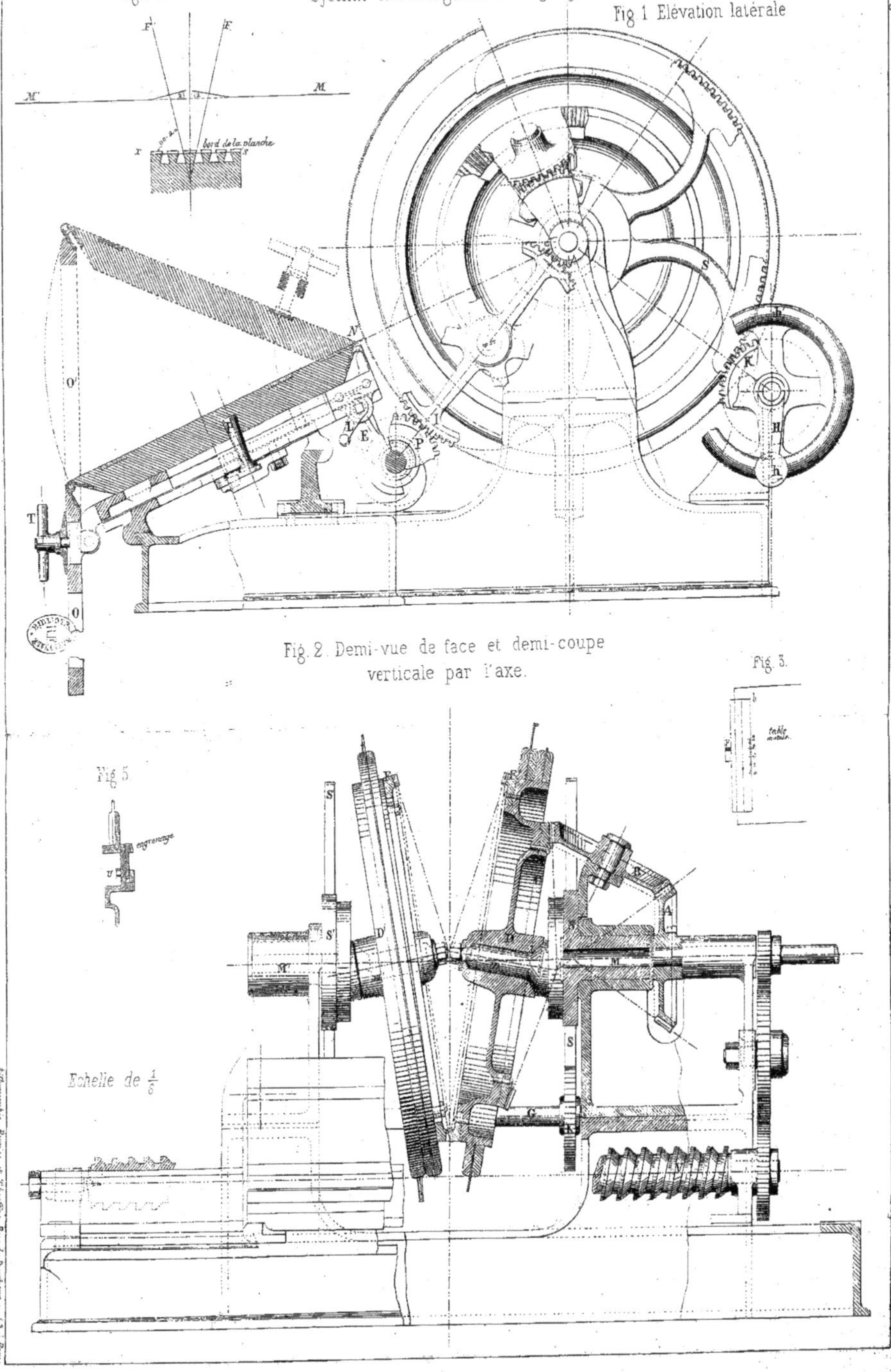

Fig. 4. *Plan des axes.*

Fig. 1 Elévation latérale

Fig. 2. Demi-vue de face et demi-coupe verticale par l'axe.

Fig. 3.

Fig 5

Echelle de $\frac{1}{5}$

Paris, Eugène LACROIX, Directeur, 15, Quai Malaquais

Lithographie Broise et Thieffry Rue de Dunkerque 53 Paris

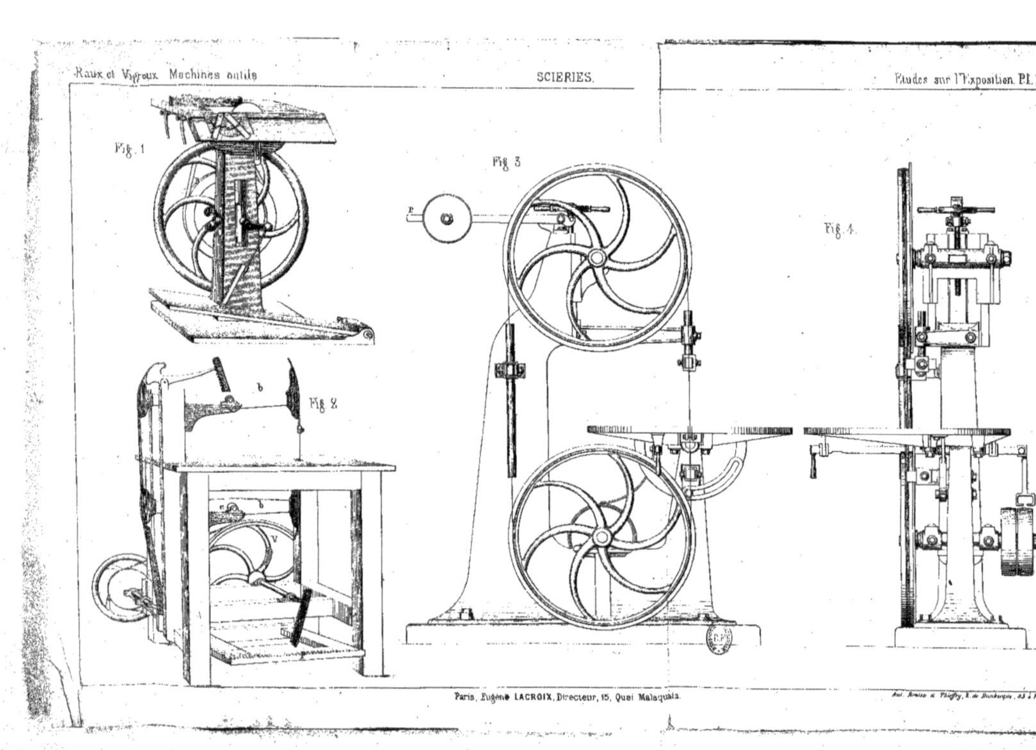
Raux et Vigreux. Machines outils
SCIERIES.
Etudes sur l'Exposition. Pl. 2
Fig. 1
Fig. 2
Fig. 3
Fig. 4.
Paris, Eugène LACROIX, Directeur, 15, Quai Malaquais.

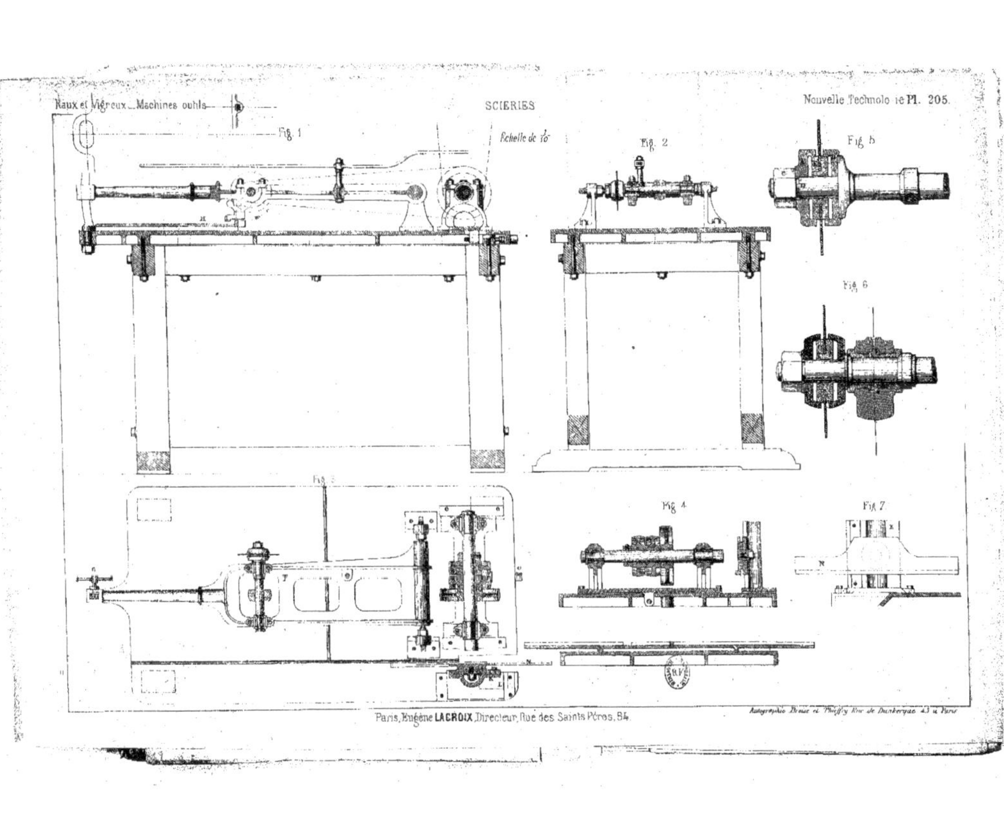
Raux et Vigreux _ Machines outils
SCIERIES
Nouvelle Technologie Pl. 205.
Échelle de 1/10
Fig. 1
Fig. 2
Fig. 3
Fig. 4
Fig. 5
Fig. 6
Fig. 7
Paris, Eugène LACROIX, Directeur, Rue des Saints Pères, 54.
Autographie Broise et Thieffry Rue de Dunkerque 43 à Paris

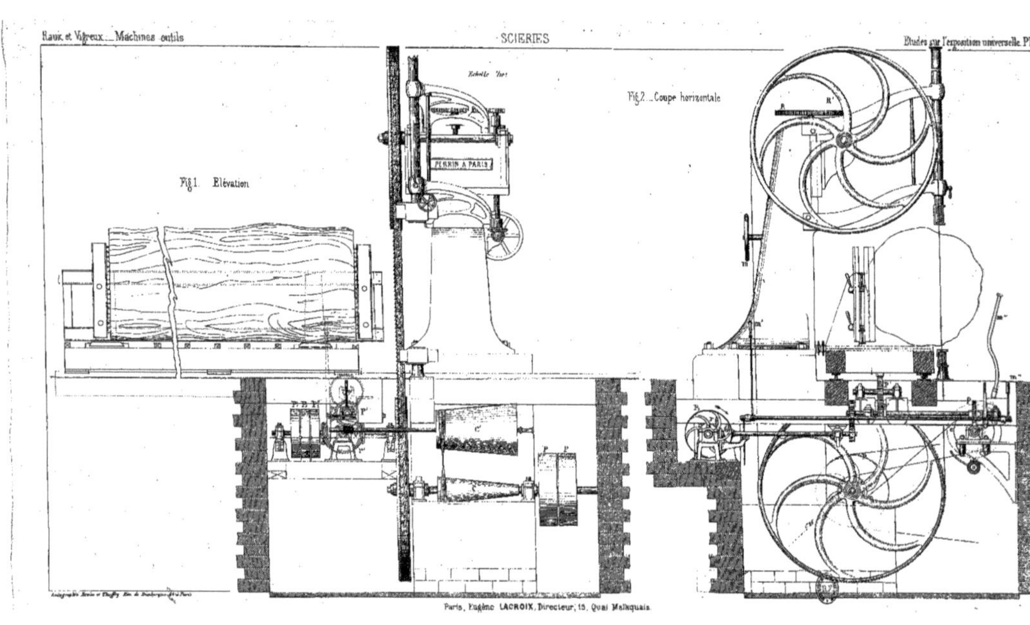

Fig. 1. Élévation

Fig. 2. _ Coupe horizontale

Paris, Eugène LACROIX, Directeur, 15, Quai Malaquais.

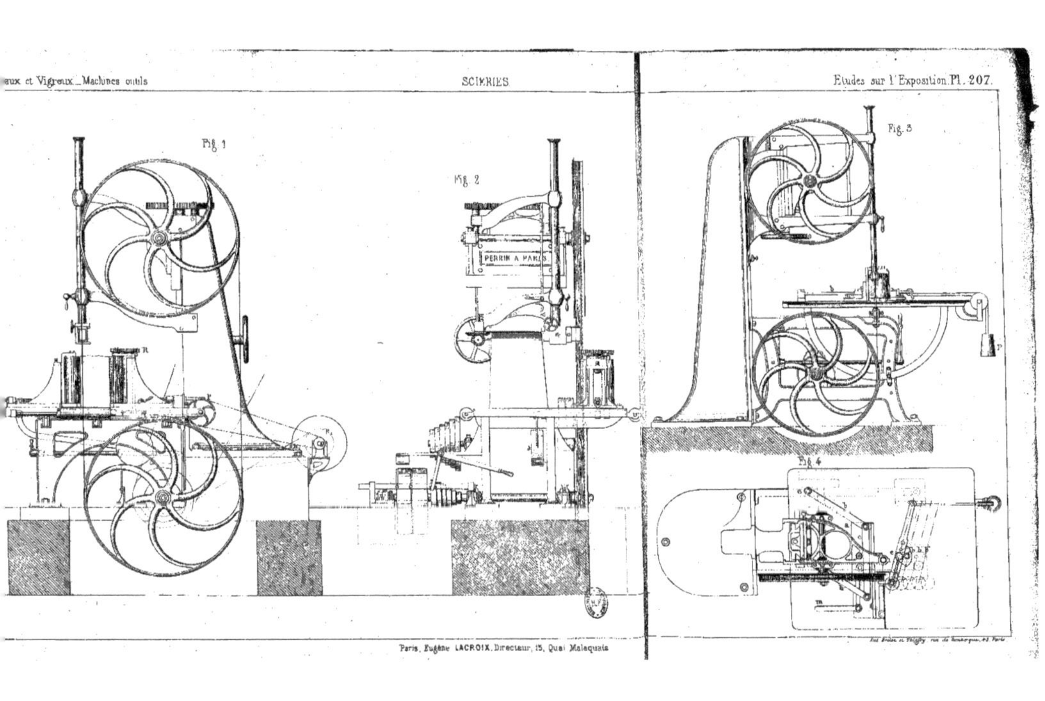
aux et Vigreux _ Machines outils
SCIERIES
Etudes sur l'Exposition. Pl. 207.
Fig. 1
Fig. 2
PERRIN A PARIS
Fig. 3
Fig. 4
Paris, Eugène LACROIX, Directeur, 15, Quai Malaquais

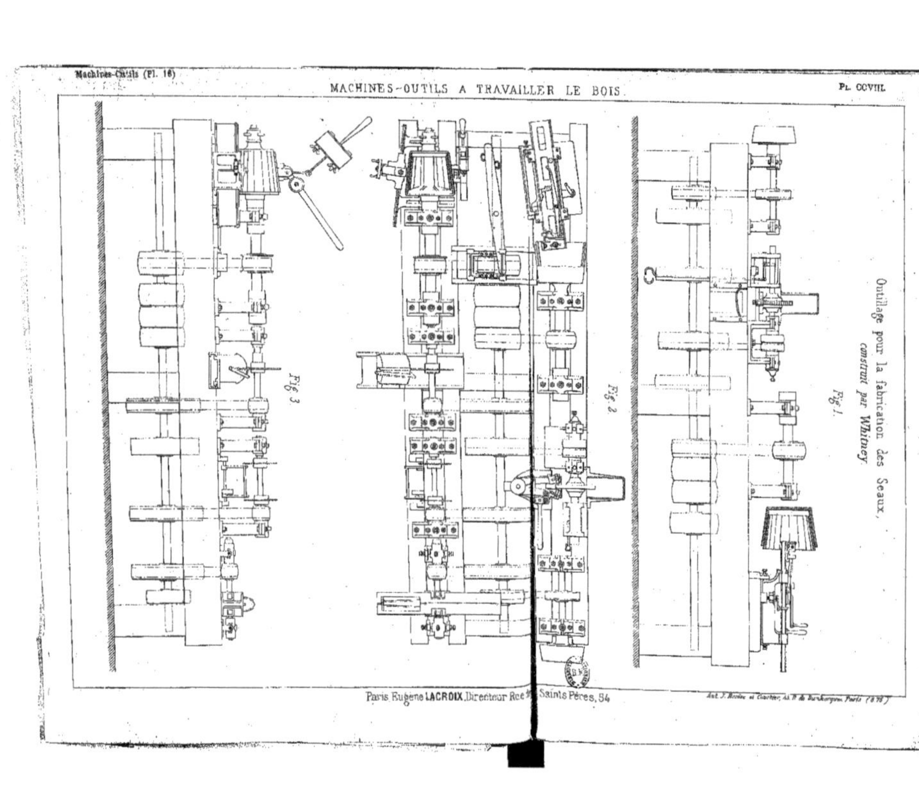

Outillage pour la fabrication des Seaux, construit par Whitney

Paris Eugène LACROIX, Directeur Rue des Saints Pères, 54

OUTILS A TRAVAILLER LE BOIS

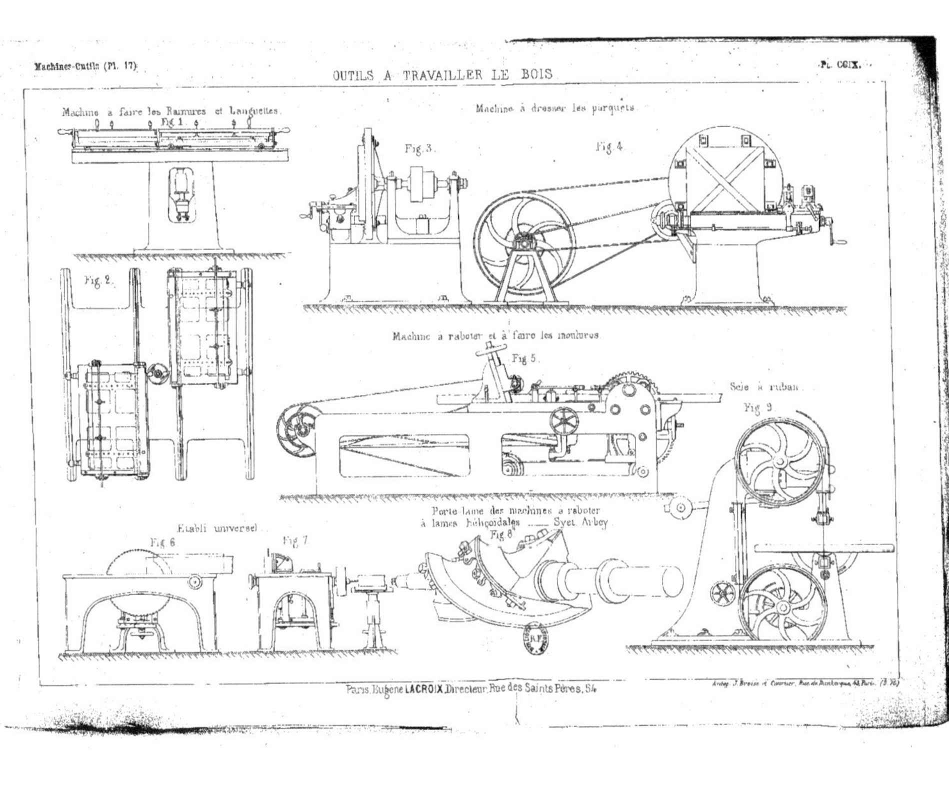

Paris. Eugène LACROIX, Directeur, Rue des Saints Pères, 54.

Autog. J. Broise et Courtier, Rue de Dunkerque, 43, Paris. (3.76)

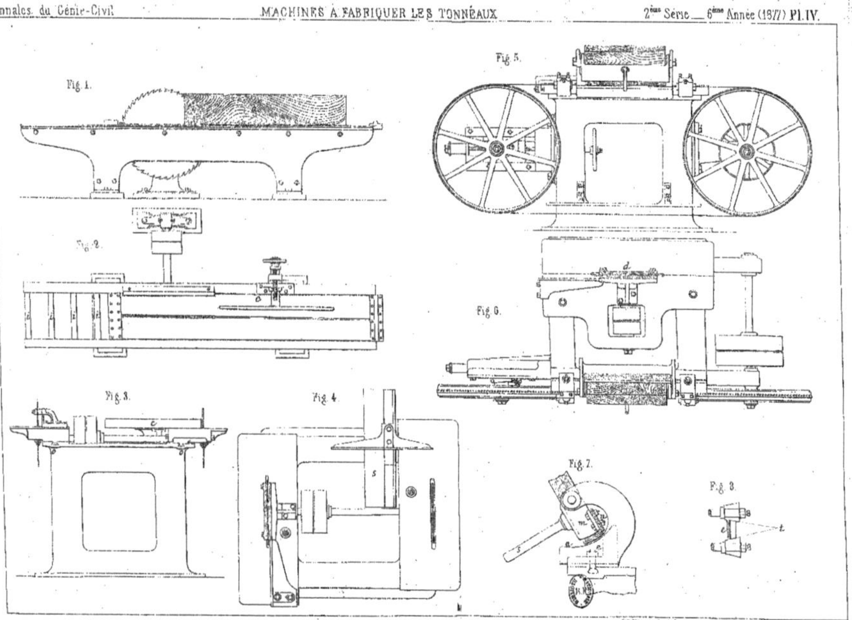

Fig. 1.

Fig. 2.

Fig. 3.

Fig. 4.

Fig. 5.

Fig. 6.

Fig. 7.

Fig. 8.

Paris Eugène LACROIX, Directeur, Rue des Saints Pères, 54

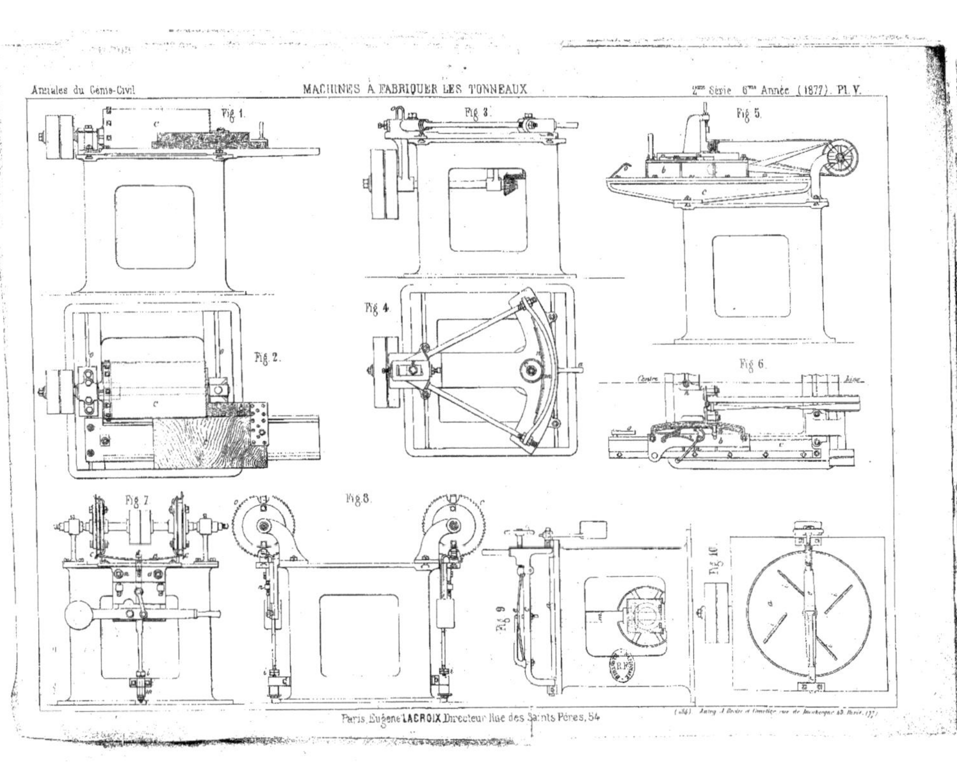

Paris, Eugène LACROIX Directeur Rue des Saints Pères, 54

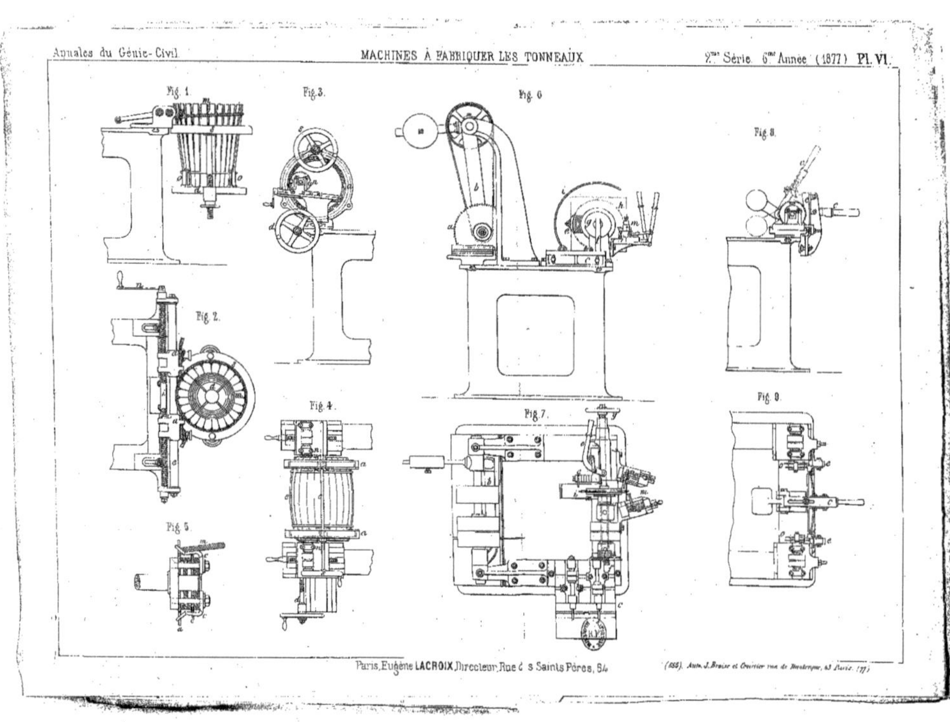
Annales du Génie-Civil
MACHINES À FABRIQUER LES TONNEAUX
2me Série 6me Année (1877) Pl. VI.
Fig. 1.
Fig. 2.
Fig. 3.
Fig. 4.
Fig. 5.
Fig. 6
Fig. 7.
Fig. 8.
Fig. 9.
Paris, Eugène LACROIX, Directeur, Rue des Saints Pères, 54

EXTRAIT DU CATALOGUE

DE LA

LIBRAIRIE SCIENTIFIQUE INDUSTRIELLE & AGRICOLE

EUGÈNE LACROIX

Imprimeur-éditeur du Bulletin officiel de la Marine et de plusieurs Sociétés savantes

PARIS, 54, RUE DES SAINTS-PÈRES, 54

Près le boulevard Saint-Germain.

MACHINES A VAPEUR

Notions de physique et de mécanique appliquées à l'étude de la vapeur.
Aperçu historique de l'invention des machines à vapeur. — Etablissements des générateurs et des appareils de sûreté.
Etude complète des moteurs à vapeur et de leurs principaux organes.
Modes de distribution, appareils alimentaires et de condensation. — Descriptions des divers systèmes de machines à vapeur. — Machines à vapeur, de navigation, etc., etc.

Nota. — Le catalogue complet gr. in-8 de 250 pages, avec figures, analyses et tables des matières pour les principaux ouvrages est expédié *franco* contre la valeur de 2 francs.

PARIS

LIBRAIRIE SCIENTIFIQUE, INDUSTRIELLE ET AGRICOLE
EUGÈNE LACROIX IMPRIMEUR-ÉDITEUR
Du *Bulletin officiel de la marine* et de plusieurs sociétés savantes
54, Rue des Saints-Pères, 54

Janvier 1878

AVIS DE L'ÉDITEUR

Tous les six mois nous publions un Bulletin qui fait connaître sous le titre de *Bibliographie de l'ingénieur, de l'architecte et de l'agriculteur*, les ouvrages publiés en langues française et étrangères, qui peuvent se classer dans la table méthodique de notre Catalogue. Cette bibliographie est envoyée *franco* aux personnes qui en font la demande.

Nous avons l'honneur de rappeler à nos clients qu'un compte courant leur est ouvert, lorsque l'importance et la fréquence de leurs demandes en démontrent la nécessité. Nous ouvrons aussi un compte à tous les établissements publics, bibliothèques, etc.

Nous ne reprenons jamais un ouvrage livré, parce que nous ne fournissons que sur demande formelle; mais nous nous mettons à la disposition des clients, pour les renseigner préalablement sur la valeur des acquisitions qu'ils ont l'intention de faire.

En dehors des ouvrages mentionnés dans nos catalogues ou bibliographies, nous satisferons à toutes les demandes qui auront pour objet d'autres ouvrages, qu'ils soient publiés en France ou à l'étranger.

Le mode de payement le plus usité, est pour les pays qui font partie de l'union postale, l'envoi d'un mandat sur la poste, et, pour tous les autres pays, l'envoi d'une valeur payable à Paris.

Pour la France et pour tous les pays faisant partie de l'union postale, on doit augmenter la valeur des mandats de 10 % si on veut recevoir *franco*. Pour les autres pays, cette augmentation doit être de 20 %.

Un matériel considérable nous met en mesure d'imprimer rapidement tous les travaux relatifs aux *sciences*, à l'*industrie* et à l'*agriculture*, soit pour notre compte, soit pour celui des auteurs et des grandes compagnies industrielles. Nous nous chargerons donc de toutes les impressions typographiques, lithographiques, autographiques, etc., et de tous les genres de gravures : sur bois, sur pierre, sur cuivre, acier, etc., etc. Nous nous chargerons également, pour le compte des éditeurs de l'étranger et de la province, et pour celui des auteurs, de *la vente* de tous les ouvrages de *notre spécialité* dont le dépôt nous sera confié.

Nous achetons aussi les bibliothèques composées d'*ouvrages scientifiques*.

Enfin ceux de nos clients qui désirent avoir des renseignements pour prise de brevet d'invention, achat ou vente de matériel industriel, peuvent également s'adresser à nous.

Eugène Lacroix, *ingénieur civil*.
Imprimeur-Editeur.

BIBLIOGRAPHIE

DU CONSTRUCTEUR, DU MÉCANICIEN, DU CONDUCTEUR & DU CHAUFFEUR

DE

MACHINES A VAPEUR

Annales du Génie civil, ou recueil de mémoires sur les ponts et chaussées, les **Machines à vapeur** les routes et chemins de fer, les constructions et la navigation maritime et fluviale, l'architecture, les mines, la métallurgie, la chimie, la physique, les arts mécaniques, l'économie industrielle et le génie rural; annales et revue descriptive de l'*industrie française et étrangère*; répertoire de toutes les inventions nouvelles, publiées par une réunion d'ingénieurs, d'architectes, de professeurs et d'anciens élèves de l'École centrale et des Écoles d'arts et métiers, avec le concours d'ingénieurs et de savants français et étrangers, publiées sous la direction de M. E. LACROIX ✻, ingénieur civil, membre de l'institut royal des ingénieurs de Hollande, de la société des ingénieurs de Hongrie, de la Société industrielle de Mulhouse, etc., etc.

MODE DE PUBLICATION.

Les *Annales du Génie civil* paraissent mensuellement depuis le 1er janvier 1862, par cahiers de 4 ou 5 feuilles de texte grand in-8 avec figures et 3 ou 4 planches grand in-8 doubles, de façon à former chaque année un volume d'environ 800 à 900 pages avec nombreuses figures intercalées dans le texte, et un atlas de 30 à 40 planches.

PRIX D'ABONNEMENT.

Paris.	20 fr.
Départements et pays faisant partie de l'Union postale. .	25 »
Les autres pays.	30 »
Chaque année écoulée prise isolément	25 »

Sommaire des principaux mémoires publiés sur les machines et chaudières à vapeur.

1re Année 1862. — Nouvel appareil condensateur réfrigérant par M. LeDocte. — Explosions des chaudières à vapeur par M. A. Ortolan. — Tracé et construction des hélices propulsives par *le même*. — Robinet de sûreté par *le même*. — Relation entre la chaleur, l'eau et la vapeur d'eau ou considérations nouvelles sur la vaporisation, la condensation et les explosions par M. Charles Wye Williams. — Des avantages mécaniques et économiques des condenseurs à surfaces et de leurs inconvénients par M. John Spencer.

2e Année 1863. — La marine à vapeur à l'Exposition de Londres et dans les ports Anglais par M. Jules Gaudry. — Note sur une nouvelle disposition du tiroir et des cylindres dans les machines à vapeur à détente fixe du système de Wolf, par M. Ortolan. Détermination du travail d'une machine par le frein dynamométrique de Prony par M. Grandvoinnet. — De l'extraction dans les chaudières alimentées avec des eaux chargées de sels et des salinomètres permanents par M. Ortolan. — De la profession de mécanicien-conducteur de machines à vapeur marines et des écoles de mécaniciens de la marine. — Essai sur les moyens de prévenir les effets nuisibles de la fumée par M. Williams. — Nouvelles tables pour la vapeur d'eau saturée par M. le Dr Zeuner.

3e Année 1864. — Avantages des grilles courtes sur les grilles longues dans les chaudières tubulaires à retour de flammes. — Vapeurs surchauffées. Etudes théoriques. Application. Description des appareils de surchauffe en usage par MM. Delafond et Corradi (1 pl.). Résultats des expériences faites en Amérique pour évaluer les puissances relatives de production de vapeur des charbons anthracites et bitumeux par M. Ch. Stuart. — Etude sur les appareils fumivores par M. Burg.

4e Année 1865. — Note sur le foyer fumivore de M. Tenbrinck et sa modification par M. Bonnet (2 pl.) par M. Jules Gaudry. — Note sur les distributions des machines à vapeur (3 pl.) par M. Léon Rueff. — Nouvelle machine à vapeur sans intermédiaire entre le piston et l'arbre moteur système Juhel (1 pl.) par M. Ortolan. — Des machines à vapeur locomobiles par M. Gaudry. — Réparations des machines et modifications des fourneaux sur les bâtiments de la Division navale de l'Océan pacifique exécutées par ordre de l'amiral Bouet sous la direction du mécanicien principal Lotte. — Usure et détérioration des chaudières à vapeur par M. Paget. — Notice sur les explosions des chaudières à vapeur par M. Jaunez.

5e Année 1866. — Règles simples pour le calcul pratique du travail utile de la vapeur par M. Macquorn Rankine. — Note sur la mesure de la force des machines à vapeur en France et en Angleterre par les formules en usage par M. O. Marchal. — Note sur une locomobile de 7 chevaux (1 pl.) par M. Auscher. — Note sur les chaudières à vapeur destinées au service de l'Exposition de 1867 (2 pl.) par MM. Droux et Grenier. — Dimensions principales de quelques locomotives anglaises (1 pl.) par M. Morandière.

6e Année 1867. — Résumé des expériences faites sur les charbons français employés au chauffage des chaudières à vapeur. — Note sur les essais faits en vue d'appliquer le pétrole au chauffage des chaudières à vapeur (1 pl.) par M. Soulié. — Note sur les machines à vapeur à trois cylindres égaux avec introduction directe dans un seul cylindre par M. Dupuy-de-Lome. — Note sur la chaîne-grattoir de M. Joublin pour le nettoyage extérieur des tubes des chaudières par M. Ortolan.

7e Année 1868. — Observations sur les machines à vapeur récemment introduites dans la marine (1 pl.) par M. le vice-amiral Labrousse. — Notice sur l'emploi des combustibles, de l'huile minérale pour le chauffage des navires à vapeur et sur l'application de l'oxygène à la combustion par M. Knab. — De la traction à vapeur sur les routes de terre et les locomotives routières à l'Exposition de 1867 (1 pl.) par M. Liénard. — Génie rural. Le labourage à vapeur par M. Puteaux. — Chauffage des chaudières à vapeur avec les combustibles liquides (1 pl.). — Note sur la construction des locomotives en Allemagne (2 pl.) par M. Stutz. — Entretien et conduite des machines à vapeur.

8e Année 1869. — Etude sur la condensation dans les machines à vapeur (1 pl.) par M. Cousté. — Etude d'une nouvelle méthode circulaire excentrique, par M. Mesta. — Note sur les expériences comparatives des machines à vapeur à trois cylindres, en service dans la marine par M. le vice-amiral Labrousse. — Note sur l'application des hydrocarbures liquides à la génération de la vapeur par M. le Bon Gauldrée Boileau. — De la locomotion routière à vapeur et des locomotives routières par M. Dupuy de Podio. — Etudes sur les générateurs inexplosibles.

9e et 10e Années 1870-1871. — Notes recueillies pendant une campagne sur les côtes de l'Amérique du Nord. Les surchauffeurs et appareils de surchauffe par M. Cavelier de Cuverville. — Machines à vapeur fixes à l'Exposition de 1867 et dans les usines (6 pl.) par M. J. Gaudry. — Description et données numériques des principaux systèmes de chaudières fixes actuellement en usage (4 pl.) par M. Ortolan.

11e Année 1872. — Distribution de la force motrice à domicile par M. E. Soulié. Théorie et application des dynamoteurs (1 pl.) par M. Guzman. — Locomotive à gaz avec suppression de la fumée et de la vapeur d'échappement ou application aux machines locomotives du chauffage au gaz économique, par combustion complète et sous volume constant (1 pl.) par M. Charpentier.

12e Année 1873. — Organisation des mécaniciens-officiers et des chauffeurs de la Marine anglaise par M. Vivant. — Note sur l'aréo-vapeur Warsop, par M. Furno.

13e Année 1874. — Les machines à vapeur à l'Exposition de Vienne. — Constitution et propriété des houilles, pouvoir calorifique, dérivés immédiats, par M. Havrez. — Chaudières à vapeur; vaporisation décroissante ou progression géométrique (1 pl.) par le *même*. — Grille semi-fixe système Marcel Fonreau.

14e Année 1875. — Machines à vapeur locomobiles à l'Exposition de Vienne. — Note sur les machines de traction à vapeur sur les routes ordinaires (1 pl.) par M. de Retz. — Note sur le calcul du rendement d'une machine à vapeur d'après la théorie mécanique de la chaleur, par M. J. Maître. — Nouvel indicateur rationnel de niveau d'eau pour les hautes chaudières verticales et horizontales etc., système George.

15e Année 1876. — Appareils alimentateurs des chaudières à vapeur système Macabies, par M. O. Marchal. — Machines à vapeur et condenseurs à surfaces. Purification des eaux grasses acides des condenseurs à surfaces, par M. Hétet.

16e Année 1877. — Etude sur la théorie mécanique de la chaleur, par M. Mariotte.

ARMENGAUD — **Traité des moteurs à vapeur.** 2 vol. in-4 de 500 p. chacun et atlas de 50 pl. doubles. 60 »

Le tome II traitant spécialement de la construction des turbines se vend seul séparément. 20 »

AUDENET — **Consommation du combustible** des machines à vapeur marines. 1 vol. in-8.

BARDIN. — Cours de **dessin industriel**. 5 »

IIIe PARTIE : *Construction des machines.*

Cette partie composée de 15 planches in-folio avec texte en regard comprend : les principes généraux ; les principes élémentaires : lois et transformations des mouvements, équilibre des machines simples ; les vis et boulons ; les rivets et assemblages de tôles ; les arbres, manchons d'assemblage et d'embrayage ; enfin les engrenages : tracés à épicycloïdes, à développantes, Willis et Poncelet ; roues cylindriques et coniques à dents en fonte et en bois, engrenages à vis sans fin.

BARTHÉLEMY (E.-C.). — De l'**Application de la vapeur** à la navigation attribuée à Blasco de Garay, broch. in-8. 1 »

BATAILLE (E.-M.), ingénieur, ancien élève de l'École polytechnique, et JULLIEN (C.-E.), ancien élève de l'École centrale des arts et manufactures, ex-ingénieur de l'atelier de construction du Creusot. — **Traité des machines à vapeur,** 2 vol. in-4, avec nombreuses figures dans le texte et atlas in-fol. *Rare.* Edité à 80 »

BEAU DE ROCHAS (Alph.). — **Nouvelles recherches** sur les conditions pratiques de plus grande utilisation de la chaleur et en général de la force motrice, avec application aux chemins de fer et à la navigation. In-4, 55 p. lithographiées, petit texte compacte. 6 »

— **Des machines locomotives** à grande pression et grande adhérence considérées en particulier comme moyens spéciaux et particuliers de traction sur les sections de chemins de fer à fortes pentes. In-4, 20 p. et 12 pl. de divers types. 9 »

BÉLANGER. — **De l'équivalent mécanique de la chaleur.** In-8. 15 p. » 50

BÉRARD (Aristide). — Considérations sur le rôle de la **combustion intermoléculaire** des corps renfermés dans la fonte et sur l'influence de l'hydrogène dans la fabrication de l'acier fondu, broch. in-8. 1 »

BÉTANCOURT **Essai sur la composition des machines.** 1 vol. in-4, avec 12 pl. d.-r., 1819.

BORDE. — **Machines élévatoires** pour la **construction des bâtiments et ouvrages d'art.** Théorie et pratique de ces machines. Texte anglais et français, planches en couleur et légendes. Gr. in-folio. 25 »

BORGNIS, ingénieur et membre de plusieurs académies. — **Traité complet de mécanique appliquée aux arts,** contenant l'exposition méthodique des théories et des expériences les plus utiles pour diriger le choix, l'invention, la construction et l'emploi de toutes les espèces de machines. Ouvrage divisé en dix *Traités* in-4, avec 249 pl. dessinées par Girard, dessinateur à l'École polytechnique et gravées par M. Adam, 1818 à 1823 150 »

BOURGEOIS **Navigation commerciale** et à vapeur de l'Angleterre, 1 vol. in-4, avec pl. 4 »

— **Propulseur hélicoïde.** 1 vol. in-4 avec pl. 1845,

BROISE. — **Album encyclopédique** des chemins de fer. Cette publication paraît par livraison de 12 planches demi gr.-aigle ; 12 livraisons forment une série. 52 livraisons sont publiées. Chacune d'elles se vend séparément. 4 »

Un catalogue détaillé donnant la nomenclature par livraison de toutes les planches publiées jusqu'à ce jour, sera adressé à ceux de nos lecteurs qui désireraient prendre une plus ample connaissance de ce recueil unique en France. Nous nous contenterons de donner ici quelques indications sommaires concernant les machines à vapeur.

Machines motrices. Locomotives à marchandises. — Machines motrices. — Machines locomotives pour le service des chantiers. — Chaudières tubulaires. — Locomobile de 2 chevaux. Freins divers. — Chariot pour wagon. — Locomotive à 6 roues couplées. — Locomotive tender. — — Tender avec frein Stilmant, etc., etc.

CALLON. — **Cours de construction de machines**, professé à l'École des mines de Paris. 2 vol. in-8 et 2 atlas in-4. 50 »

CAMPAIGNAC (A.). — **De l'état de la navigation à vapeur**, et des améliorations dont les navires et appareils marins sont susceptibles. 1 vol. in-4, 335 p. et 5 planches. 26 »

Carnet de l'ingénieur.

Recueil de tables, de formules et de renseignements usuels et pratiques sur les sciences appliquées à l'industrie : chimie, physique, mécanique, machines à vapeur, hydraulique, résistance, frottements, etc., à l'usage des ingénieurs, des constructeurs, des architectes, des chefs d'usines industrielles, des mécaniciens, des directeurs et conducteurs de travaux, des agents-voyers, des manufacturiers et des industriels, publié par M. E. LACROIX, avec la collaboration des rédacteurs des *Annales du Génie civil* et celle d'ingénieurs et de savants français et étrangers. 1 vol. in-18 LXXII-370 pages de petit texte compacte avec nombreuses figures, précédé d'un calendrier perpétuel, d'un agenda journalier et de plusieurs feuillets de papier quadrillé. 36e édition (1878).

Broché. . . . . 5 »
Cartonné à l'anglaise 6 50
Relié en forme de portefeuille. . . . . 8 »

Extrait de la préface et table des matières.

Depuis que M. Mathias a fondé la publication de ce Carnet (1837) il est chaque année publié une nouvelle édition, corrigée et augmentée. Tous les trois ou quatre ans, le Carnet est complétement refondu.

Pour le rendre exempt d'erreurs, nous nous sommes adressé à tous nos collaborateurs et à nos lecteurs des *Annales du Génie civil*, qui nous ont aidé à relever celles qui avaient pu se glisser dans les premiers tirages.

L'ÉDITION DE 1878 a été complétement refondue et remaniée, d'après un nouvel ordre de matières dont nous donnons ci-dessous la division.

L'impression de cette édition a été faite avec le plus grand soin et avec un caractère fondu spécialement à cet effet.

En un mot rien n'a été négligé pour faire de ce petit volume qui sera conservé comme un chef-d'œuvre typographique, un livre indispensable pour l'ingénieur, l'architecte et l'entrepreneur.

Principales divisions de l'ouvrage.

Tables usuelles. — Arithmétique commerciale. — Calcul des intérêts. — Annuités. — Paiement des journées. — Arithmétique et algèbre. — Trigonométrie. — Géométrie. — Aires des surfaces planes, surfaces convexes et volume des solides. — Géométrie analytique. — Calcul infinitésimal. — Calcul intégral. — Applications.

Mécanique générale et appliquée.

Mécanique générale. — Machines simples. — Résistance des matériaux. — Hydraulique.

Sciences physiques et naturelles.

Physique et chimie. — Densité. — Atmosphère. — Chaleur. — Combustibles. — Goudrons. — Géodésie et géologie.

Industrie de la construction et des machines.

Architecture et travaux publics. — Opérations sur le terrain. — Chemins de fer. — Constructions navales. — Jaugeage des navires. — Machines à vapeur. — Locomotives. — Documents relatifs aux constructions. — Dimensions courantes des matières premières. Poids des matériaux.

Données économiques.

Législation. — Conversion des monnaies et des poids et mesures.

Carnet de papier quadrillé pour plans et croquis à l'usage des ingénieurs, constructeurs et des architectes, 150 p. de papier quadrillé précédées de renseignements usuels et pratiques. 1 vol. relié. 4 »

CASALONGA. — **Auto-alimentateur** à niveau constant (système Macabies), br. in-8. 1 50

— Éléments proportionnels de **constructions mécaniques,** disposés en séries propres à faciliter les études des élèves des écoles professionnelles et les travaux des dessinateurs, ingénieurs et constructeurs. Atlas in-4 de 64 pl. avec texte explicatif. 25 »

CASTOR (A.), entrepreneur de travaux publics. **Recueil d'appareils à vapeur** employés aux travaux de **navigation et de chemins de fer**; précédé d'un rapport sur les travaux de fondations du pont du Rhin, par M. Baude, inspecteur général des ponts et chaussées. Gr. in-8. XII-127 p. et atlas in-folio. 40 »

Catéchisme des chauffeurs et des machinistes traitant du chauffage des appareils à vapeur, et des appareils de sûreté, du montage et de la conduite des machines, à l'usage des ouvriers mécaniciens, orné de 19 gravures. Publié par les soins de l'Association des ingénieurs sortis de l'École de Liége. In-8, 100 p. 3 50

CAVELIER DE CUVERVILLE. — **Notes recueillies pendant une campagne** sur les côtes de l'Amérique du Nord. Les surchauffeurs; appareil de surchauffe de M. J. Wyatt Reid de New-York. In-8. 1 »

CHALLETON DE BRUGHAT ingénieur. — De la **tourbe.** Etude sur les combustibles employés dans l'industrie. Nouveau tirage, augmenté d'un appendice. Etudes **sur le coke,** au point de vue de son emploi dans les machines locomotives; procédé de carbonisation du bois suivi en Chine. 1 vol. in-8, 504 p. 7 50

CHARBONNIER (A.-A.), ingénieur. — Machines à vapeur. **Détermination du volant et du régulateur à boules,** ramenant la vitesse de régime, 1 vol. in-8, 148 p. et 4 pl. 5 »

CHARPENTIER. — **Locomotive à gaz** avec suppression de la fumée et de la vapeur d'échappement. In-8, avec pl. 1 50

Chaudières à vapeur.

Études sur la **Combustion de la houille** et sur le rendement des chaudières à vapeur. Mémoires extraits du *Bulletin de la Société industrielle de Mulhouse*, 1858-1874 (publiés sous les auspices de la Société). 1 vol. in-4, de 456 pages accompagné d'un atlas de 19 pl. doubles et de 14 tableaux in-fol. 25 »

Sommaire.

Note sur la mesure des quantités d'air qui entrent sous les foyers des chaudières à vapeur, par M. Emile Burnat. — Note sur la combustion de la fumée dans les foyers des chaudières à vapeur, par le même. — Rapport sur le concours du prix à décerner à celui qui aura fait fonctionner le premier, dans le Haut-Rhin, une chaudière évaporant 7 kil 1/2 d'eau par kilog. de houille de Ronchamp, par MM. E. Burnat et E. Dubied. — Mémoire sur les expériences relatives aux chaudières à vapeur, faisant suite au Rapport du comité de mécanique sur le concours des chaudières de 1859, par M. E. Burnat. — Recherches sur la combustion de la houille, par MM. Scheurer-Kestner et Ch. Meunier. — Etude chimique des gaz provenant de la combustion de la houille. — Dosage du gaz combustibles qu'ils renferment, et de noir de fumée qu'ils entraînent. — Etudes calorimétriques. — Chaleur de combustion ou pouvoir calorique théorique de la houille. — Relation entre la composition chimique et le pouvoir calorique. — Analyse élémentaire de la houille. Calculs et données pratiques. — Etude de la distribution du calorique dans le chauffage des générateurs à vapeur. — Détermination par différence de la perte due au rayonnement dans la maçonnerie. — Mêmes recherches étendues aux expériences faites par divers expérimentateurs et sur des houilles de différentes provenances. — Expériences et observations diverses, etc.

CLAUSIUS (R.), professeur à l'Université de Wurtzbourg. — **Théorie mécanique de la chaleur,** traduit de l'allemand par F. Folie, professeur à l'Ecole industrielle et répétiteur à l'École des mines de Liége. 2 vol. reliés, XXX-748 pages. 15 »

COMBES (Ch.), membre de l'Institut. — **Exposé** des principes de la théorie mécanique de la chaleur et de ses applications principales. 1 vol. in-8, 288 pages. 6 »

CORIOLIS. **Calcul de l'effet des machines,** in-4, 1829.

COSNUEL. — Perfectionnement des **machines locomotives et fixes.** 1 vol. in-4 et 3 pl. 3 »

COUCHE. — **Rapport** à M. le ministre de l'agriculture, du commerce et des travaux publics, sur l'**emploi de la houille** dans les machines locomotives et sur les machines à foyer fumivore du système Tenbrinck. In-8, 75 pages. 5 »

COULOMB. — Théorie des machines simples, 1 vol. in-4, 368 p. et 10 pl. 1821.

COUSINERY. Sur le **propulseur héliçoide.** In-8, 31 p. et 1 pl. 1 50

DÉCRET (1865) concernant la fabrication et l'établissement des **machines à vapeur.** 0 75

DELAUNAY (L.). — Note concernant les **explosions des chaudières à vapeur** employées dans l'industrie et la navigation. In-8. 0 50

DELVORDE (L.). — Traité pratique sur les chaudières à vapeur. 6 50

DENY (Ed.). Etude sur la **distribution de la vapeur,** br. in-8. 2 »

DESNOS (L -A.). — **Description du barillet** producteur du mouvement circulaire direct par la vapeur et restituteur de calorique. In-8, 19 p. 1 »

DEVILLEZ. **Théorie générale des machines à vapeur.** 1 vol. et atlas in-8. 18 »

Dictionary of Engeneering, civil mechanical military and naval With technical termes in French German italian and spanish. 8 vol. Gr. in-8, nombreuses figures. 125 »

Ecole centrale (Cours de l'). Etablissement et construction des machines. — Machines à vapeur. — Hydraulique, etc., etc. 1 vol. in-4, autog. 1846-1847. 40 »

FLAMM (Pierre), manufacturier. Trois sources d'économie de combustible. Guide pratique du **Constructeur d'appareils économiques de chauffage** pour les combustibles solides et gazeux, traitant des générateurs à gaz fixes et locomobiles, de l'application de la chaleur concentrée et du calorique perdu aux **chaudières à vapeur** et aux fours de toutes espèces, à l'usage des ingénieurs, architectes, fumistes, verriers, briquetiers, maîtres de forges, fabriques de zinc, de porcelaine, de faïence, d'acier, de produits chimiques; des raffineries de sucre, de sel; des industries métallurgiques et autres employant la chaleur. 1 vol. relié, 157 pages et 4 pl. 4 »

FONTENAY. — **Combustibles** des chemins de fer français. In-8. 1 50

FRÉMINVILLE (de), ingénieur de la marine, professeur à l'école du génie maritime. — Cours pratique de **machines à vapeur marines,** professé à l'Ecole d'application du génie maritime. Un très-fort vol. grand in-8, avec figures dans le texte accompagné d'un atlas renfermant 100 pl. 55 »

FURNO (E.), ingénieur **Note sur l'aéro-vapeur Warsop.** 2 »

GALY-CAZALAT. — Mémoire théorique et pratique sur les **bateaux à vapeur.** 1 vol. in-4, 180 pages et 5 pl. in-fol. *Epuisé, rare.* 15 »

GIRAULT. — Mémoire sur un projet d'**éclairage** par le gaz, de chauffage par la vapeur et de ventilation au moyen d'appareils simultanés. In-8, 15 pages. 1 25

GRAND (A.), ingénieur civil. — Etude sur les **huiles de pétrole,** origine et gisement, application, traitement industriel, application du pétrole brut à la fabrication du gaz d'éclairage et au chauffage des foyers industriels. Prix de revient. Décret, etc. 1 vol. gr. in-8, 2 pl. 4 »

GRENIER. — **Chaudières à vapeur.** In-8 et 1 pl. 2 »

GROUVELLE et JAUNEZ. — **Guide du chauffeur** et du propriétaire de machines à vapeur. 2 vol. in-8 et 2 atlas. *Rare.*

GUENYVEAU (A.). Essai sur la science des machines, in-8, relié. 1810.

GUÉRARD (Alf.). **La marine à vapeur** dans une guerre maritime. Br. in-8. 1 25

GUIONNEAU DE PAMBOUR. Traité des **machines locomotives** avec appendice, 1 vol. in-8, avec pl. 1835.

GUZMAN (P.). — Théorie et **applications des dynamoteurs.** Br. gr. in-8, avec pl. 3 »

HACHETTE. — Histoire des machines à vapeur depuis leur origine jusqu'à nos jours, 1 vol. in-8, avec pl. 1830.

— Traité élémentaire des machines. 1 vol. in-4, avec 35 pl. 1828. 25 »

HALLAUER (O.). — Exposition analytique et expérimentale de la **Théorie mécanique de la chaleur,** de M. C. A. Hirn. 1 vol. gr. in-8, XXXIII 106 pages. 4 »

— Modification apportée à l'**indicateur de Watt,** par M. G. A. Hirn permettant d'obtenir exactement les pressions de la vapeur en un point quelconque de la course du piston. Br. gr. in-8 avec pl. 1 75

HALLAUER. — Note sur les **variations du vide** ou contre-pression dans les cylindres des machines à vapeur, valeur du travail négatif auquel il donne lieu, rapporté au travail réel et au travail absolu disponible sur le piston, Br. gr. in-8 avec pl. 1 25

— **Compression de la vapeur** dans les espaces nuisibles des machines Wolf, son influence sur les consommations de vapeur. Br. gr. in-8 avec pl. 1 75

HARTWICH (Emile), directeur de la construction des chemins de fer rhénans, etc. — **Etude sur les grands bacs à vapeur**, servant à faire communiquer les chemins de fer séparés par un cours d'eau sans pont ni transbordement. Traduit de l'allemand. In-4, 22 pages et 7 pl. 10 »

HAVREZ. — **Chaudières à vapeur.** Vaporisation décroissante en progression géométrique. Gr. in-8 et 1 pl. 4 »

HÉTET. — **Machines à vapeur.** Purification des eaux grasses acides des condenseurs à surface. Gr. in-8. 1 »

HIRN. — **Théorie mécanique de la chaleur.** 3e édit. 2 vol. in-8. 24 »

HOCHEREAU. — **Calcul des poids** des volants à employer pour les machines à détente de vapeur sans balancier. In-8 avec fig. et tableaux. 4 50

HODGE (R.), D. RENDWICK. DAVID et STEVENSON. — Des **machines à vapeur** aux Etats-Unis d'Amérique, particulièrement considérées dans leur application à la **navigation et aux chemins de fer** traduit de l'anglais par M. E. Duval, ingénieur, précédé d'une introduction par M. Flachat, et accompagné de plans de machines à vapeur et de renseignements fournis par M. M. Chevalier, ingénieur en chef des mines. 1 vol. in-4, 310 p. et fig. dans le texte, avec atlas in-folio de 46 pl. 60 »

HOLM. — **Guide pratique** pour l'application du propulseur à turbine hélicoïde aux navires et aux bateaux de rivières et de canaux. Br. in-4. 4 »

JACQMIN. — **Des machines à vapeur.** Leçons faites à l'école des ponts et chaussées. 1869-1870. 2 vol. in-8. 16 »

JAUNEZ, ingénieur civil. — Manuel du **chauffeur.** Guide pratique à l'usage des mécaniciens, des chauffeurs et des propriétaires de machines à vapeur, exposé des connaissances nécessaires, suivi de conseils afin d'éviter les explosions des chaudières à vapeur. 1 vol. relié 212 pages 37 fig. dans le texte et pl. 3 »

JEANNENEY (P.). — Calculs sur la **sortie de la vapeur** dans les machines locomotives. 1 vol. in-8, 197 pages, tabl. et 7 pl. *Rare.* 10 »

JOUFFROY (A. DE), ancien ingénieur de la marine. — **Des bateaux à vapeur.** Précis historique de leur invention, essai sur la théorie de leur mouvement, et description d'un appareil palmipède applicable à tous les navires. 1 vol. in-8 135 p. et pl. 4 »

JULLIEN. — **Traité théorique et pratique de la construction des machines à vapeur.** 2e édit., 1 vol. in-4, 583 pages avec bois dans le texte et atlas de 48 pl. doubles. 35 »

KNAB (C.), ingénieur-chimiste et manufacturier. — **Tableaux pour l'enseignement des machines,** d'une grande dimension (échelle de 1/2 à 1/5 de grandeur naturelle), destinés à l'enseignement: 1° **Machine à vapeur de Watt** ; 2° coupe d'une **locomotive.** 3° Elévation d'une **locomotive.** Chaque tableau se vend séparément noir. 12 »

Verni, collé sur toile, et muni de rouleaux noirs en bois, chaque tableau. 25 »

Ces tableaux ont 1m,70 sur 1m,45, les appareils qu'ils représentent sont peints à l'effet et les couleurs imitent tous les métaux qui entrent dans leur construction.

LABOULAYE (Ch.), **Dictionnaire des arts et manufactures,** 4e *édit.* 4 forts vol. in-4° avec 5,000 fig. intercalées dans le texte. Prix broché. 88 »
Cartonné à l'anglaise. 100 »
Cet ouvrage est publié en 44 livraisons à 2 »

— **Traité de cinématique,** ou Théorie des mécanismes. 1 vol. gr. in-8 de 1,040 pages, avec 917 fig. intercalées dans le texte. 20 »

LACROIX (Eugène), ingénieur civil, membre de la Société industrielle de Mulhouse, et de plusieurs sociétés savantes françaises et étrangères, ex-officier d'infanterie de marine, chevalier de la Légion d'honneur. **Dictionnaire industriel** à l'usage de tout le monde ou les 100,000 secrets de l'Industrie moderne, *avec la traduction anglaise et allemande des mots techniques et usuels.* 2 forts vol. gr. in-18 ensemble XL-1586 pages et 673 fig. cart. à l'anglaise. 22 »

Ouvrage approuvé par M. le Ministre de l'instruction publique pour les Bibliothèques populaires et scolaires.

SOMMAIRE DES PRINCIPAUX ARTICLES

Agriculture. — Animaux domestiques. — Arboriculture. — Architecture. — Arts et métiers. — Arts industriels. — Astronomie. — Botanique. — Chemins de fer. — Chimie industrielle et agricole. — Conservation des substances alimentaires. — Constructions civiles. — Economie domestique, industrielle et rurale. — Engrais. — Géologie. — Histoire naturelle. — Hydraulique. — Hygiène. — Industries diverses — Jardinage. MACHINES A VAPEUR. — Machines agricoles. — Mines. — Minéralogie. — Métallurgie. — Navigation. — Physique. — Photographie. — Ponts et chaussées. — Sondages. — Zoologie.

LANZ et BÉTANCOURT. Composition des machines. 1 vol. in-4, 1819.

LARONCE (de). — Expériences sur le **mouvement alternatif de rotation,** communiqué aux propulseurs marins. Br. in-8 avec pl. 1 »

LARTIGUE et FOREST. — Note sur le **sifflet électro-automoteur** pour locomotives, et autres applications industrielles de l'électro-aimant Hugues, pour fermeture à distance de robinets valves ou clapets. Br. in-8 avec 1 pl. jésus. 2 »

LAURENT (J.), garde-mines principal. — **Album du constructeur de chaudières à vapeur.**

Collection méthodique de 165 types de générateurs présentant les dispositions les plus variées et les plus nouvelles, à l'usage des ingénieurs, des constructeurs et des propriétaires d'usines, accompagnée d'un recueil de notes explicatives générales et particulières, par M. DUNKEL, garde-mines, professeur à l'Association polytechnique. 1 vol. in-8 de 228 p. avec atlas de 78 pl. in-folio. 30 »

Extrait de la préface.

Les types de générateurs de vapeur réunis dans l'ouvrage que nous présentons au public résument, en les développant, les progrès successifs qui se sont introduits dans la construction de ces appareils, depuis leur origine jusqu'à l'époque actuelle, et font en conséquence, connaître les derniers perfectionnements accomplis.

Ces types ont été choisis et groupés de manière à procurer aux personnes intéressées à en faire l'étude, la possibilité :

1° De comparer, sans perte de temps, ni difficultés les différents systèmes employés dans la pratique ;

2° De construire de nouveaux types répondant à des besoins particuliers ;

3° D'éviter les dispositions défectueuses qui se rencontrent assez souvent dans des générateurs bien conçus sous d'autres rapports.

Les générateurs dont il s'agit ont été groupés en douze catégories :

1° Chaudières cylindriques avec ou sans bouilleurs; 2° chaudières à foyer et conduits de flamme intérieurs; 3° chaudières tubulaires de locomotives; 4° chaudières tubulaires fixes; 5° chaudières tubulaires locomobiles à tubes directs; 6° chaudières fixes et locomobiles à retour de flamme tubulaires; 7° chaudières tubulaires démontables; 8° chaudières verticales; 9° chaudières verticales tubulaires; 10° générateurs à vaporisation rapide; 11° chaudières diverses; 12° chaudières de bateaux.

Le texte, divisé en treize chapitres, expose les principes qui régissent la construction des chaudières; il contient des observations générales sur les propriétés de chaque groupe ainsi que des notes et des appréciations particulières, sur chacun des types qui y sont rangés.

LEBLANC. — **Choix de modèles appliqués à l'enseignement du dessin des machines.**

Par M. LEBLANC, ancien professeur au Conservatoire des arts et métiers et conservateur des collections, membre de la Légion d'honneur, etc. Texte descriptif, dessiné, gravé et publié par l'auteur, 4e édit. In-4, 152 p. et atlas de 60 pl. in-folio. 30 »

Extrait de la préface.

Le but que s'est proposé M. Leblanc a été de donner aux élèves des notions exactes sur les constructions des organes et des pièces principales des machines, de populariser, pour ainsi dire, l'intelligence de leurs fonctions et du jeu de leur différentes parties, et d'offrir aux personnes qui se livrent à ce genre d'études, des moyens sûrs et prompts, non-seulement de dessiner avec une certaine correction d'après des machines déjà exécutées, mais aussi de tracer à l'avance des épures pour les constructions de toutes sortes de combinaisons ou d'appareils qui ne servent encore qu'en projet.

Ce double but a été complétement atteint. Nous ne croyons pouvoir mieux faire que de reproduire les titres des principales divisions de ce choix de modèles devenu classique : Exercices de géométrie; projection, courbes, excentriques et engrenages; détails et ensemble de machines; levé de machines, tracé des ombres, modèles et dessins lavés.

Tous les objets que M. Leblanc a choisis comme exemples ou modèles sont sanctionnés par l'expérience. Il a sévèrement rejeté tout accessoire inutile.

« Quand toutes les parties d'un ensemble, dit-il, quoique simples, sont exposées de manière à concourir au but général et à se prêter un mutuel appui, il en résulte une convenance, un accord, qui plaisent aux yeux beaucoup plus que ne sauraient le faire les ornements inutiles et dès lors nuisibles. »

LEBLANC. — **Le mécanicien constructeur**, ou Atlas et description des organes des machines : œuvre posthume de M. Leblanc; ouvrage à l'usage des écoles d'arts et métiers et formant le complément du choix de modèles appliqués à l'enseignement du dessin des machines, publié par Mme Leblanc. La 1re partie revue, corrigée et augmentée par M. Félix Tourneux, ingénieur, ancien élève de l'Ecole polytechnique; la 2e et la 3e parties, par M. L. Chaumont, ancien élève de M. Leblanc et premier prix du Conservatoire des arts et métiers. 1 vol. in-4, de 153 pages et atlas de 59 pl. in-folio. 20 »

LECHATELIER. — **Études sur la stabilité des machines locomotives en mouvement.** In-8, 144 p. et 2 pl. 3 50

LECHATELIER (L.), FLACHAT (F.), PETIET et POLONCEAU. — **Guide du mécanicien constructeur et du conducteur de machines locomotives.** Nouvelle édition. 1 vol. in-8, 606 p. 78 pl., augmenté d'un supplément de 74 pages et 18 pl. *Rare.*

LECLERT (Emile), ingénieur des constructions navales. Théorie des **Machines motrices** et des effets mécaniques de la chaleur. Leçons faites à la Sorbonne, par M. Reech, directeur de l'Ecole d'application du génie maritime. Gr. in-8. 185 p. et fig. 5 »

LEDIEU. — **Traité des appareils à vapeur de navigation.** 3 vol. et atlas. 45 »

— Les **nouvelles machines marines,** supplément au traité des appareils à vapeur de navigation. t. I. 30 »

LEFEBVRE (G.), ingénieur. — Moteur Lenoir. Notice et instruction pratique sur le **moteur à air dilaté** par la combustion du gaz d'éclairage. 1 vol. in-18, 57 p. fig. dans le texte et 3 pl. 0 60

LEFÈVRE (Victor). — Construction des **cheminées d'usines et des paratonnerres.** Gr. in-8 avec 2 pl. 4 »

LENCAUCHEZ. — **Traité de la Tourbe.**

Son extraction et son emploi comme combustible industriel; guide pratique de la fabrication des briquettes de tourbe et pour leur utilisation générale en métallurgie, en verrerie, en cristallerie et pour le chauffage au gaz. 1 vol. gr. in-8 avec atlas in-4 de 17 pl. doubles 7 50

Extrait de la table des matières.

Constitution et puissance des couches de tourbe. — Historique de la fabrication de la tourbe. — Moulage des briquettes de tourbe. — Magasinage des briquettes de tourbe. — Dimensions des briquettes. — Condensation et contraction de la tourbe. — Prix de revient de la tourbe moulée. — Pouvoir ou puissance calorifique de la tourbe. — Procédé Bocquet et Bénard. — De l'épuration indispensable de la tourbe. — Gaz permanents de la distillation de la tourbe. — Goudrons provenant de la distillation de la tourbe. — Considérations générales sur la tourbe de chauffage. — Gaz de tourbe au gazogène ordinaire, à grille inclinée, ainsi qu'au gazogène soufflé,

— Description du procédé Bocquet et Bénard pour la production industrielle des briquettes de tourbe, du charbon de tourbe, etc., etc. — Description des appareils industriels propres à l'usage des briquettes de tourbe et à leur emploi pour le chauffage au gaz. — Four à réverbère à foyer gazogène pour l'emploi direct de la tourbe élevée seule ou à l'état de mélange avec d'autres combustibles.

LENGAUCHEZ. — Etudes sur les **combustibles**. 1 vol. avec pl. (*sous presse*).

LESNARD. — **Navigation à vapeur.** Description d'un nouveau système de rames verticales, etc. In-4, 24 p., 1 pl. 2 50

Locomobile wagon et **machine** demi-fixe munie de chaudières à foyer amovible Gr. in-8, avec pl. 2 »

MAITRE. — Note sur le **calcul du rendement** d'une machine à vapeur. Gr. in-8. (Extrait des *Annales du Génie civil*). 4 »

MARESTIER. — **Mémoire sur les bateaux à vapeur** des Etat-Unis d'Amérique. In-4, 290 p. et atlas in-folio de 17 pl. *Très-rare.* 25 »

MARTIN (Emile), chimiste. — Le substituant du condenseur à surface. Nouvelle application de la **vapeur surchauffée**, suivi de quelques considérations sur les appareils perfectionnés destinés à vaporiser l'eau. 1 vol. in-8, 157 pages. 7 50

MATHIAS (F.). — **Etudes sur les machines locomotives** de Scharp et Roberts, comparées à celles d'autres constructeurs, avec des développements sur la théorie de la distribution de la vapeur et sur l'application de la détente fixe et variable. 1 vol. in-8, et 1 pl. accompagné d'un atlas gr. in-folio de 11 pl. 25 »

MATHIAS et C. CALLON. — Etude sur la **navigation fluviale par la vapeur.** 1 vol. in-8, 305 pages avec 1 tableau et 1 pl. 6 »

MAZAUDIER et LOMBARD. **Guide pratique pour la construction** des bateaux à vapeur à roues, à hélice et en fer, formant le complément du Guide d'architecture navale. 1 vol. in-8, avec plus de 60 fig. 10 »

Mémoires et travaux des **mécaniciens de la marine**. In-8 avec pl. *Rare.* 25 »

Cette publication qui devait devenir périodique n'a existé que pendant l'année 1866.

MEUNIER (E.). — **Traité des causes des sinistres dans les usines.** Guide pratique du manufacturier pour l'emploi des moyens préservatifs des incendies dans les établissements industriels. In-8, 289 p. et 8 pl. 6 »

MONBRO (G.). — Notice sur la **Chaudière Field**, son principe et sa construction, application des tubes aux chaudières existantes, br. in-4 2 »

Notice sur les **Moteurs à gaz** de la compagnie parisienne d'éclairage et de chauffage par le gaz, br. in-18. 1 »

Nouveau portefeuille des principaux appareils, machines et outils employés dans les différentes professions industrielles et agricoles, mines, machines à vapeur, revue générale des expositions et des inventions françaises et étrangères, publié par MM. les rédacteurs des *Annales du Génie civil*. Cette publication se compose de 2 vol. ensemble 96 pages gr. in-4, à 2 col. et 96 pl. 20 »

C'est à une classe nombreuse que s'adresse cette publication. En présence du grand développement que prend le génie industriel, le *Nouveau portefeuille des appareils, machines et outils* a pour but de mettre à la portée des constructeurs, des mécaniciens, des propriétaires de mines et d'usines, des entrepreneurs, des chefs d'ateliers, des agriculteurs et des contre-maîtres, des élèves des écoles professionnelles, les documents et les modèles des appareils, des machines, des outils qu'il est utile, ou pour mieux dire qu'il est indispensable de connaître dans chaque profession spéciale.

Nouvelle Technologie des arts et métiers, des manufactures, des mines, de l'agriculture, etc.

ANNALES ET ARCHIVES DE L'INDUSTRIE AU XIXe SIÈCLE, par MM. les rédacteurs des *Annales du Génie civil*, publiée sous la direction de M. E. LACROIX ✻, ancien officier d'infanterie de marine, ingénieur civil, membre de l'institut royal des ingénieurs de Hollande, de la Société des ingénieurs de Hongrie, de la Société industrielle de Mulhouse, etc.

La *Nouvelle Technologie des arts et métiers* se compose de 8 tomes en 4 forts vol. gr. in-8, caractère compacte, accompagnés d'environ 3,000 figures dans le texte et de 260 pl. in-folio et in-4. 80 »

Le même ouvrage en belle demi reliure chagrin noir. 100 »

ORTOLAN, mécanicien en chef de la flotte, officier de la Légion d'honneur. — **Traité élémentaire des machines à vapeur marines.**

Rédigé d'après le programme du concours pour les brevets de capitaine au long cours et de maître au cabotage, augmenté de notions générales sur les manœuvres des bâtiments à vapeur, 1 vol de 480 p. 48 fig. et atlas de 19 pl. gravées sur acier. 12 »

Ouvrage approuvé par M. le ministre de la marine.

— **Code de l'acheteur, du vendeur et du conducteur de machines à vapeur,** 1 vol de 274 p. avec fig. et 1 pl. 5 »

— LOTTE et LACARRIÈRE, premiers maîtres mécaniciens de la marine. — **Cours de machines à vapeur.**

Appliqué à la navigation, à l'usage des mécaniciens de la marine militaire et de la marine marchande, examen au grade de quartier-maître mécanicien, d'après le programme officiel, 1 vol. de 344 p. avec 23 fig. et atlas de 11 pl. gravées sur acier. 10 »

Ouvrage approuvé par M. le ministre de la marine.

—**L'ouvrier mécanicien ou la mécanique de l'atelier,** avec la collaboration de MM. Bonnefoy, Cochez, Dinée, Gibert, Guipont et Juhel. 1 vol. gr. in-18 jésus, de 627 p. avec 61 fig. dans le texte et atlas de 52 pl. gravées. 12 »

Extrait de la préface.

L'*Ouvrier mécanicien* est un recueil de faits réunis sous la forme de calculs arithmétiques accessibles à toutes les personnes qui savent faire les quatre premières règles. Nous ne saurions trop recommander aux ouvriers qui ne sont plus familiarisés avec les signes et les annotations des mathématiques élémentaires, de ne pas croire qu'il y a pour eux quelque difficulté à comprendre les formules écrites dans ce livre et à s'en servir. Les calculs qu'elles résument sous la forme la plus simple, sont suivis d'un ou plusieurs exemples d'application.

Les parties du texte imprimées en petits caractères traitent le côté plus théorique que pratique des questions ou contiennent l'exposé des principes et les dispositions. On peut se dispenser de les étudier, si on ne veut trouver dans l'*Ouvrier mécanicien* que le secours d'un formulaire pour l'application immédiate.

Les parties du texte imprimées en caractères plus forts, contiennent les indications simples et précises sur le plus grand nombre de cas d'application de la mécanique aux professions industrielles. Ces indications proviennent de l'expérience des ingénieurs, des constructeurs en renom et de celle des auteurs du livre.

ORTOLAN. — **Carnet du mécanicien** de la marine de l'Etat et de celle du commerce. Recueil de tables, de formules, de renseignements usuels et pratiques, 1 vol. in-18, d'environ 150 p., relié en portefeuille avec poches, porte-crayon, etc. *Edition unique.* 5 »

— **Etudes des machines à vapeur marines,** d'après son traité élémentaire. Deux tableaux de très-grande dimension pour l'enseignement (1 mètre sur 1m,25), accompagnés chacun d'une légende descriptive et explicative; premier tableau, **machine à balancier**; deuxième tableau, **machine à hélice** à connexion et à mouvements directs.

Chaque tableau on noir. 12 »

En couleur. 17 »

Verni, collé sur toile et muni de rouleaux noirs en bois. 25 »

(Voir aussi *Knab*).

ORTOLAN. — Note sur les **cuisines et appareils distillatoires** et les caisses à eau à bord des navires à vapeur, suivie des lois et décrets concernant les dits bâtiments. In-8, 53 p. et fig. 2 »

ORTOLAN. — **Questionnaire**, In-8, 32 p. 1 »

— **Cours descriptif et pratique de machines à vapeur** d'après les leçons faites à l'École navale de Brest. In-4 autographié de 1250 p. et 187 fig. avec atlas in-folio de 43 pl. 15 »

PAMBOUR (Comte de). Traité des machines locomotives. 1 vol. in-8, avec pl. 1840

— Théorie de la machine à vapeur, suivi d'un appendice. 1 vol. in-8, 1839.

PÉCLET. — Traité de la **chaleur considérée** dans ses applications, 4e édition. (*Sous presse.*)

PETITCOLIN et CHAUMONT. — **Portefeuille des principaux appareils.** Machines, instruments et outils employés actuellement dans les différents genres de l'industrie française et étrangère et dans l'agriculture, dessiné par MM. Petitcolin et H. Chaumont, anciens élèves de M. Leblanc, et premiers prix du Conservatoire des arts et métiers. Ouvrage utile à tous les ingénieurs, aux constructeurs et propriétaires de machines et à tous les élèves des écoles professionnelles. 1 vol. de texte in-folio oblong et un atlas de 88 pl. 40 »

PETIT-PIERRE-PELLION, ingénieur des mines. — Mémoire sur la **combustion de la fumée** et des gaz combustibles. Locomotives et foyers fixes. In-4, 12 pages. 1 25

PLAISANT. Traité pratique sur les tiroirs des machines à vapeur 1 vol. in-8, avec pl. Angers, 1843.

— Cours de machines, professé à l'école d'arts et métiers d'Aix, 1 vol. in-folio autog. Aix. 1853.

POILLON (L.), ingénieur-constructeur. — **Cours** théorique et pratique de chaudières et de machines à vapeur. 1 vol. gr. in-8 avec pl. et fig. dans le texte. 20 »

POISSON. — **Théorie mathématique de la chaleur** avec un supplément sur les températures du globe, 1 vol. in-4. 21 »

PONCELET. — **Cours de mécanique appliquée** aux machines, 2 vol. in-8 avec 228 fig. et pl. 24 »

RAFFARD. — Considérations sur le **régulateur de watt**. In-8 avec fig. 2 »

REECH. — **Cours de mécanique**, 1 vol. in-4 avec fig. 12 »

— Mémoire sur les **Machines à vapeur** et de leurs applications à la navigation. 1 vol. in-4 et atlas in-folio. 30 »

— **Machines du Brandon**, 1 vol. in-4 et atlas. 15 »

REULEAUX. — Le **Constructeur**, 3e édition. 1 vol. in-8 avec 715 fig. 20 »

RICHARD (Tom.). — **Aide-mémoire général et alphabétique des ingénieurs.** 2 vol. in-8, ensemble de 1531 p., accompagné d'un atlas in-4 de 112 pl. 30 »

RICHARD. — Études sur la **distribution des forces**. In-8. »

RICOUR. — Notice sur le **Tube d'inversion ou la machine locomotive** transformée en générateur de chaleur pour produire l'arrêt des trains. 1 vol. in-8 avec pl. 3 »

SALLERON (J.), ingénieur. — Modèles mécanisés de **machines fixes, locomotives, locomobiles, machines marines**, etc., fonctionnant à la main au moyen d'une manivelle. Tableaux parus :

— **Machine de watt**, en carton et en relief (22 cent. sur 27). 25 »

— **Locomotive**, en carton et en relief, système Crampton, à cylindres extérieurs, avec les perfectionnements les plus récents (20 cent. sur 33). 30 »

— **Machine de bateau à vapeur**, à roues à aubes, en carton et en relief, réduction de la machine du bateau transatlantique le *Sphinx* 30 »

— **Machine de bateau à hélice**, à deux cylindres. — Réduction de la machine du navire la *Bretagne*. 30 »

— **Machine de bateau à hélice**, à connexion directe et a quatre cylindres accouplés deux à deux. 35 »

— **Machine à vapeur** à bielle en retour pour bateau à hélice encadré sous verre de 40 cent. sur 60). 120 »

SOULIÉ. — **Le locomoteur funiculaire**, système Agudio. Gr. in-8, 3 pl. 2 »

SPINEUX. — De la **distribution de la vapeur** dans les machines, 1 vol. in-8 et atlas de 26 pl. doubles. 15 »

STUART (R.). **Histoire descriptive de la machine à vapeur**; traduit de l'anglais, précédée d'une introduction exposant la théorie des vapeurs, suivie de la description des perfectionnements faits en France, et des considérations générales sur l'emploi de ces machines, 1 vol. in-12, 382 p. et 6 pl. *Rare.*

Taffe. — Guide pour les **applications de la mécanique** aux machines, 1 vol. in-8, 800 p. et 212 fig. 12 »

Tassin (Désiré). — **Des explosions foudroyantes des machines à vapeur**, de leur véritable cause, moyens infaillibles de les éviter. 1 vol. in-12 de 345 p. 3 50

Tenbrinck. — Note sur le **foyer fumivore** de M. Tenbrinck et sa modification par M. Bonnet. Br. in-8 avec 2 pl. 3 »

Terwangne (le colonel). — Des **chaudières à foyer intérieur,** et du système de centralisation appliqué au ménage des troupes. 1 vol. in-18 avec 3 gr. pl. 3 »

Textor de Ravisi. — La **houille** et la **vapeur** (mémoire pour M. Potel, ingénieur-mécanicien). In-8, 51 p. 2 »

Tredgold. — Traité des **machines à vapeur** et de leurs applications à la navigation, aux mines, aux manufactures, 2ᵉ édition. 1 vol. in 4 et atlas de 25 pl. 25 »

Tremtsuk (C.-A.). — Recueil de décrets et ordonnances, instructions, décisions réglementaires sur les **machines à feu fixes ou locomotives,** à haute et basse pression et sur les bateaux à vapeur, suivi d'une instruction générale pour les chefs d'établissements et conducteurs de machines. 1 vol. in-8, 293 p. ou tableaux et 4 gr. pl. 7 50

Tresca. — Cours de **mécanique appliquée aux machines.** 1 vol. in-4 autog. 20 »

Turck. — Notice sur les **appareils fumivores** appliqués aux foyers des machines à vapeur et notamment aux machines locomotives employant la houille. Br. in-8 et 2 pl. 4 »

Tyndall (J.). — **La Chaleur,** *Mode de mouvement* 2ᵉ édition française, traduite de l'anglais, sur la 4ᵉ édition, par M. l'abbé *Moigno.* Un beau volume in-18 jésus de XXXII-576 pages, avec 110 fig. dans le texte. 8 »

Valério et E. Brouville. — Documents officiels sur le matériel des chemins de fer, première série; **Locomotives tenders,** br. in-4, avec 8 pl. in-folio. 10 »

Verdet (**Œuvres de**) publiées par les soins de ses élèves, 9 vol. gr. in-8. 90 »

vol. VII et VIII. **Théorie mécanique de la chaleur,** publiée par MM. A. Prudhon et Violle, anciens élèves de l'Ecole normale. 2 vol. gr. in-8, avec fig. dans le texte 24 »

Vuillemin (L.), Guébhard et Dieudonné. — De la **résistance** des trains et de la **puissance** des machines, 1 vol. gr. in-8, 100 pages de texte, nombreux tableaux et 8 pl. 10 »

Ce mémoire a remporté le prix fondé à la Société des ingénieurs civils, par M. A, Perdonnet.

Williams (Wye). — **Considérations chimiques et pratiques sur la combustion du charbon** et sur les moyens de prévenir la fumée; traduit par M. Bona Christave. 1 vol. in-8, 320 pag. 7 »

Yvon-Villarceau. — Théorie de la stabilité des **machines locomotives** en mouvement, 1 vol. in-8. 6 »

Zeuner. — **Théorie mécanique de la chaleur** avec ses applications aux machines, 2ᵉ édit. 1 vol. in-8. 10 »

— De la **distribution par tiroirs** dans les machines locomotives et autres, 1 vol. in-8 avec fig. et pl. 9 »

GAUDRY (Jules), ingénieur civil, A. ORTOLAN, mécanicien en chef de la flotte et COUSTÉ, directeur des manufactures de l'État. — **Construction, conduite et entretien des machines à vapeur,** machines fixes, demi-fixes, locomotives, locomobiles et machines marines, chaudières des différents systèmes. Aide-mémoire du mécanicien-constructeur, du chauffeur et du propriétaire de machines à vapeur. 2e tirage précédé du *Catéchisme des chauffeurs et des machinistes,* et suivi d'une étude sur la condensation des machines à vapeur. 1 vol. gr. in-8, 433 pages de texte compacte avec 77 figures et atlas de 45 planches in-folio. 25 »

Extrait de la préface.

En imprimant cet ouvrage qui reproduit les principaux articles publiés dans les *Annales du Génie civil* par MM. Gaudry, Ortolan et Cousté, nous venons occuper la place laissée vacante par les ouvrages aujourd'hui complétement épuisés et de dates déjà anciennes, de MM. Grouvelle et Jaunez : le *Guide du chauffeur,* et celui de M. Le Chatelier : *Guide du mécanicien-constructeur de locomotives.*

La réunion de ces *Etudes* comprend tout ce qui regarde la production et les divers emplois de la vapeur, on y trouve tous les renseignements utiles et des détails pratiques sur les meilleures formes à adopter dans la construction.

TABLE DES MATIÈRES.

rampes et courbes à petit rayon, système Engert, Pius, Fink et Hall. — Mécanismes d'accouplement.

Machines à vapeur locomobiles. — Chaudières. — Accessoires de chaudières. — Alimentateur. — Mécanisme moteur. — Mécanisme de distribution. — Bâtis du mécanisme. — Train de roulement. — Mode d'installation. — Locomobiles anglaises. — Locomobiles françaises. — Tableau synoptique de la force, du prix, de la vitesse, de la consommation et du poids des machines. — Locomobiles exceptionnelles. — Locomobiles de diverses nations.

Machines à vapeur fixes des usines et des manufactures. — Cylindre à vapeur. — Piston. — Mécanisme de transmission. — Distribution de vapeur au cylindre. — Emission de la vapeur. — Réglementation. — Bâtis supports. — Massif. — Les accessoires de la machine à vapeur. — Les indicateurs. — Classement des machines fixes des usines et des manufactures. — Machines élévatoires d'eau ou d'épuisement. — Machines soufflantes. — Machines monte-charges. — Machines de forges. — Machines de manufactures. — Machines à balancier à cylindre unique de Watt ou à double cylindre de Woolf. — Machines horizontales ordinaires. — Machines horizontales de formes particulières. — Machines horizontales à double cylindre du système Woolf. — Machines verticales pour manufactures. — Machines obliques pour manufactures. — Machines des petits ateliers.

Machines fixes à l'exposition de Philadelphie. — Les machines à soupapes équilibrées. — Chaudières. — Machines demi-fixes. — Machines d'extraction. — Machines de forges. — Machines verticales. — Machines à vapeur de diverses formes.

Description et données numériques des principaux systèmes de chaudières fixes actuellement en usage. — Chaudière à bouilleur non tubulaire à 2 foyers intérieurs, système Powel. — Chaudière à bouilleurs à 2 foyers extérieurs, système Tenbrinck et Bonnet. — Chaudière tubulaire à flamme directe, à foyer intérieur, système Meunier. — Chaudière tubulaire à flamme directe, à foyer intérieur amovible, système Chevalier. — Chaudière à bouilleurs et à tubes à flamme directe et à foyer amovible, système Farcot. — Chaudière tubulaire à flamme directe, à foyer intérieur et à tubes démontables système Cail. — Chaudière tubulaire à 2 foyers intérieurs, à flamme directe, système Houget et Teston. — Chaudière cylindrique tubulaire pour locomobiles à foyer intérieur, à flamme directe, système Imbert. — Chaudière à bouilleurs tubulaires à foyer extérieur, à retour de flamme, système Lecher. — Chaudière à bouilleurs, tubulaire, à foyer extérieur, à retour de flamme, système Durenne. — Chaudière à bouilleurs, tubulaire, à retour de flamme, à foyer amovible système Thomas et Laurens. — Chaudière à double fourneau intérieur tubulaire, à retour de flamme et à bouilleurs, système Chevalier. — Chaudière à fourneau intérieur à tubes verticaux et à retour de flamme système Galloway. — Chaudière fixe ou locomobile verticale à petits bouilleurs, à foyer intérieur, système Hermann Lachapelle. — Chaudière locomobile verticale, cylindrique, à foyer intérieur système Girard et Thirion. — Chaudière locomobile, verticale à lames d'eau, à foyer intérieur, système Holt. — Observation sur le calcul de la puissance vaporisatrice des chaudières locomobiles.

Chaudières dites inexplosibles. — Chaudière inexplosible à vapeur instantanée, système Hédiard et Joly. — Chaudière inexplosible à foyer extérieur, à circulation forcée, système Howard. — Chaudière locomobile verticale, à bouilleur vertical, dite inexplosible, système Maulde et Wibart. — Chaudière inexplosible, système Belleville. — Chaudière inexplosible verticale, cylindrique, à circulation d'eau forcée, système Field. — Chaudière à bouilleur ordinaire ; foyer à creusets parallèles de la société Sauret et Cie.

Machines à vapeur de navigation fluviale et maritime. — Historique. — Conditions générales que doivent remplir les machines de navigation. — Générateur de la vapeur des machines de navigation. — Force nominale et force effective des générateurs. — Chaudière basse, multitubulaire à 2 retours de flammes. — Chaudière multitubulaire à tubes transversaux. — Chaudière tubulaire à retour de flamme. — Chaudière à surface de chauffe ondulée et à tirage en bas. — Chaudière des paquebots du Danube. — Système Andrew — retour de flamme ; section elliptique ; surchauffeur fixe. — Chaudière Field, à petits bouilleurs verticaux, garnis d'un plongeur. — Foyers et tubes amovibles. — Chaudière à tubes recourbés et à foyer amovible de M. Chevalier. — Chaudière à foyer amovible et à joint unique de MM. Thomas et Laurens. — Chaudière marine à haute pression avec des surfaces planes. — Chaudière Américaine à haute pression brûlant l'anthracite. — Chaudière à lames d'eau ondulées. — Chaudière Thompson à vaporisateur sphérique. — Des chaudières à circulation d'eau rapide. — Chaudière inexplosible, à circulation d'eau multiple de J. Belleville. — Chaudière Rowan, inexplosible à circulation d'eau et à capacité tubulaire. — Chaudière anglaise en fonte de fer, à anneaux creux. — Chaudière Normand à haute pression et à moyenne pression. — Chaudière pyrotechnique du docteur Payerne pour la navigation sous-marine. — Sécheurs et surchauffeurs de la vapeur. — Des appareils moteurs ou machines proprement dites. — Machines du Friedland.

Études sur la condensation dans les machines à vapeur. — PREMIÈRE PARTIE. — Travail résistant dans le condenseur. — Retard de la condensation. — Travail dû à la seule contre-pression du condenseur. — Travail résistant de la pompe à eau et à air. — Avantages d'une grande détente. — Pression normale dans le condenseur. — Sa signification. — Eléments de sa formation. — Durée de l'acte de la condensation ; — causes de cette durée. — Travail du condenseur à injection. — En principe il n'y a pas de taux d'injection maximum. — Discussion des formules pour le condenseur à injection. — Importance d'une grande capacité vide du condenseur. — Importance d'une grande superficie du jet. — Moyen d'augmenter cette superficie. — Pulvérisation de l'eau. — Condensation rapide. — Economie d'eau. — Dispositif pour l'injection intermittente. — Economie de 37 % dans le taux actuel d'injection. — Effet possible de cette économie. — Réduction du travail résistant de la pompe à air. — Importance d'une longue durée du coup de piston. — Résumé de la première partie. — Rapport entre le travail résistant du condenseur à injection et le travail moteur.

— Rapport dans le cas du condenseur rationnellement modifié. — DEUXIÈME PARTIE. — Spécification du condenseur à surface; formules du travail dans le condenseur à surface. — Condenseur décapé. — Condenseur incrusté à l'intérieur. — Condenseur incrusté à l'extérieur. — Condenseur incrusté sur les deux faces. — Maximum de conductibilité du métal. — Recherche de ce maximum. — Epaisseurs maximum des croûtes conductrices. — Diminution rapide de la conductibilité à partir du maximum. — Comparaison entre la condensation par injection et celle par surface. — Supériorité de la condensation par injection sur celle par surface. — Applications. — Nécessité d'une superficie beaucoup plus grande que celle voulue pour le condenseur décapé. — Résumé des causes d'infériorité du condenseur à surface. — Rôle de l'incrustation : peut-elle être évitée?. — Surface extérieure. — Nature de l'eau froide. — Surface intérieure. — L'incrustation interne ne peut être évitée. — Fuites du condenseur. — Fuites des joints. — Infiltration d'eau incrustante. — Infiltration de gaz. — Nettoyage du condenseur. — On peut atténuer l'effet des incrustations. — Vitesse de formation de la croûte externe. — Matières en suspension dans l'eau froide. — Croûte interne. — TROISIÈME PARTIE. — Où est réellement la difficulté?. — But immédiat du condenseur à surface. — Rôle du condenseur en général. — Condensation monhydrique. — Réfrigérateur. — Réfrigération méthodique. — Dispositif pour le nettoyage. — Efficacité de refrigération. — Fuites des joints. — Les infiltrations d'eau de mer et gaz sont de nul effet. — Accumulation des graisses dans les chaudières, — légère incrustation protectrice contre les corrosions. — Encombrement causé par le réfrigérateur. — Conclusion. — Appendice.

TABLE DES PLANCHES CONTENUES DANS L'ATLAS.

VIGREUX (L.), Ingénieur civil

THÉORIE ET PRATIQUE

DE L'ART DE L'INGÉNIEUR

DU CONSTRUCTEUR DE MACHINES

ET DE L'ENTREPRENEUR DE TRAVAUX PUBLICS

Ouvrage comprenant sous le titre d'**introductions**, les connaissances théoriques qui constituent la science de l'ingénieur, et sous le titre de **projets**, dépendants de ces introductions, leurs applications, directes à toutes les branches de l'industrie et des travaux publics, par M. L. VIGREUX, ingénieur civil, répétiteur du cours de construction des machines à l'Ecole centrale des arts et manufactures, ancien élève de cette école et de l'Ecole nationale des arts et métiers de Châlons-sur-Marne; précédé d'une lettre à l'auteur, par M. Ch. Callon, ingénieur civil, professeur à l'école centrale des arts et manufactures.

L'importance et l'utilité de cet ouvrage sont incontestables, puisqu'il renferme toutes les connaissances théoriques et pratiques qui constituent la science et l'art de l'ingénieur.

L'auteur et l'éditeur se sont proposé un double but: faciliter aux ingénieurs l'application des théories scientifiques, application difficile au début de la carrière, et mettre ces théories à la portée de ceux qui n'ont pu suivre l'enseignement élevé des écoles spéciales, sans que, pour cela, la rigueur des démonstrations s'en trouve altérée.

A une époque où tant de publications techniques spéciales et provenant, par conséquent, d'origines très-diverses, sont offertes au public, il était indispensable de réunir en un seul ouvrage et dans un ordre méthodique les théories scientifiques et leurs applications à toutes les branches de l'industrie et des travaux publics. Cet ouvrage diffère donc de tous ceux qui ont paru jusqu'à ce jour parce qu'à côté des théories présentées avec toute la rigueur et la simplicité désirables, on y trouve les connaissances spéciales du *constructeur*, et qu'ainsi la science et la pratique viennent s'y donner la main dans l'étude de toute une série de *projets-types*, où sont développées et discutées les méthodes d'investigation et de calcul que la science a mises au service de l'industrie et de l'art du constructeur.

L'approbation donnée à l'ouvrage de M. Vigreux par l'un de nos ingénieurs et professeurs les plus distingués, est la meilleure recommandation que nous puissions faire à ceux auxquels il est destiné (1).

La *partie didactique* de l'ouvrage comprend sept séries de projets simples; chaque projet se compose de: 1° d'une *introduction théorique* où sont exposées et démontrées les théories scientifiques que l'expérience a confirmées; 2° d'un *mémoire* où sont développées les méthodes d'investigation et de calcul à l'aide desquelles on fait rentrer chaque cas particulier dans les cas généraux examinés dans les *introductions*; ce *mémoire* renferme la détermination des dimensions de toutes les parties du projet, qui se trouvent reproduites sur des *planches* qui accompagnent le *mémoire*, avec tous les détails nécessaires pour l'exécution.

Les *applications de la partie didactique* constituent une autre série de projets complexes, dont chacun se compose d'un *mémoire* et des *dessins* d'exécution.

---

(1) Après avoir reçu la première livraison de cet ouvrage, plusieurs journaux techniques de France, de l'Angleterre, de l'Allemagne, de l'Italie et de la Norwége se sont empressés d'en faire ressortir le mérite au double point de vue de la théorie et des applications pratiques. (Voir notamment le compte-rendu de M. Callon dans le numéro de mai 1876 du *Bulletin mensuel de l'Association amicale des anciens élèves de l'Ecole centrale*).

PARTIE DIDACTIQUE.

SÉRIE A. — **Résistance des matériaux.**

1° Etude d'une transmission de mouvement par engrenages pour un laminoir; 2° étude d'un hangar recouvert d'un comble en fer à grande portée, du système Polonceau, supporté par des colonnes en fonte; 3° calcul des dimensions des murs de soutènement; 4° calcul des dimensions d'un réservoir d'eau en maçonnerie; 5° étude d'une transmission de mouvement par câble métallique et par poulies et courroies.

(Les autres applications de la théorie de la résistance des matériaux trouveront place dans quelques-unes des séries suivantes, auxquelles elles ont plus spécialement rapport).

Chacune des cinq études ou projets indiqués comprendra une introduction théorique et un mémoire relatif au projet proprement dit, dont l'objet est de montrer l'application des méthodes exposées dans l'introduction. — Le mémoire sera accompagné des plans nécessaires à l'exécution du projet.

Cette observation s'applique aux autres série de la partie didactique de notre ouvrage.

SÉRIE B. — **Cinématique.**

1° Tracé des engrenages, comprenant : les engrenages cylindriques, les engrenages coniques, la crémaillère et son pignon, la vis sans fin, les engrenages héliçoïdes et les engrenages hyperboloïdes; 2° étude et tracé des principaux appareils de détente et de distribution des machines à vapeur.

(Nous ajouterons encore ici que les parties de la cinématique non comprises dans ces deux études trouveront place dans l'une des séries suivantes).

SÉRIE C. — **Physique industrielle.**

1° Etude d'une chaudière à vapeur à bouilleurs devant produire un poids déterminé de vapeur par heure; 2° étude d'une chaudière à vapeur tubulaire mi-fixe, à foyer amovible, devant produire un poids déterminé de vapeur par heure; 3° étude d'un séchoir pour la dessiccation des bois d'ébénisterie; 4° étude d'un calorifère à vapeur; 5° étude d'un fourneau de chaudière à vapeur et de sa cheminée.

SÉRIE D. — **Hydraulique appliquée.**

1° Etude des ouvrages extérieurs nécessités par l'installation d'un moteur hydraulique (canaux d'arrivée et de fuite, déversoir et vannes de décharge); 2° établissement d'une roue en dessus; 3° établissement d'une roue de côté; 4° établissement d'une roue en dessous à aubes courbes (système Poncelet), ou d'une roue turbine à axe horizontal (système Girard); 5° établissement d'une turbine du système Fourneyron; 6° établissement d'une turbine du système d'Euler; 7° étude d'une presse hydraulique verticale pour le pressage du foin; 8° série de problèmes relatifs au mouvement de l'eau dans les tuyaux de conduite.

SÉRIE E. — **Mécanique appliquée.**

1° Etude des principaux systèmes de modérateurs de vitesse; 2° calcul du poids de la jante d'un volant pour chacun des cas suivants : (*a*) pour une machine à vapeur à détente; (*b*) pour une pompe à simple effet; (*c*) pour une pompe à double effet; (*d*) pour deux pompes à double effet conjuguées; (*e*) pour une machine à vapeur à détente conduisant une pompe à double effet; 3° calcul du travail absorbé par les frottements dans la transmission du mouvement pour laminoir étudiée dans le projet n° 1 de la série A; 4° Détermination des dimensions de toutes les parties d'un frein de Prony.

SÉRIE F. — **Construction des machines à vapeur.**

1° Etude d'une machine à vapeur horizontale à condensation et à détente variable à la main; 2° étude d'une machine à vapeur verticale à balancier et à deux cylindres du système de Woolf; 3° étude d'une machine à vapeur locomobile.

SÉRIE G. — **Construction des machines.**

1° Etude d'une machine soufflante pour un haut-fourneau.

2° Etude générale des appareils de levage.

APPLICATIONS DE LA PARTIE DIDACTIQUE

AUX PRINCIPALES CLASSES D'USINES INDUSTRIELLES ET DE TRAVAUX PUBLICS.

Travaux publics.

1° Etude d'un pont à poutres pleines en tôle et à grande portée ; 2° étude d'un pont en fer, à treillis, à grande portée ; 3° tracé et étude d'une route nationale ; 4° étude d'un pont en maçonnerie ; 5° étude d'un ponceau biais en maçonnerie, avec appareil héliçoïdal anglais ; 6° étude d'un moulin à vent à calotte tournante, s'orientant seul et actionnant une vis d'Archimède appliquée au dessèchement d'un marais ; 7° étude d'un pont suspendu à une seule travée ; 8° construction d'un sas éclusé ; 8° construction d'un barrage-réservoir, avec déversoir, vannes de prise d'eau et vannes de chasse.

Fig. 89. — Viaduc de Castellaneta (Italie), le plus haut que l'on connaisse ; chargé au moment de l'épreuve de 14 locomotives du poids total de 770 tonnes.

Usines industrielles.

1° Etablissement d'un moulin à blé de six paires de meules, avec transmission par engrenages et mû par un moteur hydraulique ; 2° établissement d'un moulin à blé de douze paires de meules, mû par un moteur hydraulique et par une machine à vapeur accouplés, avec transmission de mouvement par courroies ; 3° établissement d'une filature de coton de 30,000 broches, mue par un moteur hydraulique et une machine à vapeur accouplés ; 4° installation d'une fabrique de papier de deux machines, avec construction de cités ouvrières ; 5° installation d'un établissement de bains ; 6° construction d'une usine pour location de force motrice ; 7° fabrique de sucre de betteraves ; 8° construction d'une usine à gaz ; 9° fabrique de bougies ; 10° installation d'un atelier de constructions mécaniques.

Machinerie agricole.

1° Etude d'un manége fixe à deux chevaux, destiné à actionner une pompe pour des irrigations ; 2° installation d'une grande exploitation agricole, avec irrigations, drainage et petite distillerie.

Exploitation des mines et métallurgie.

1° Installation d'une machine d'extraction pour une mine de houille ; 2° installation d'une machine d'aérage ; 3° installation d'une forge anglaise ; 4° installation d'une usine pour le laminage du cuivre et la fabrication des monnaies.

Travaux d'édilité.

1° Etablissement d'une usine destinée à fournir l'eau nécessaire à l'alimentation d'une ville; cette usine renfermera un moteur hydraulique et une machine à vapeur de secours; 2° étude complète d'une distribution d'eau pour une ville.

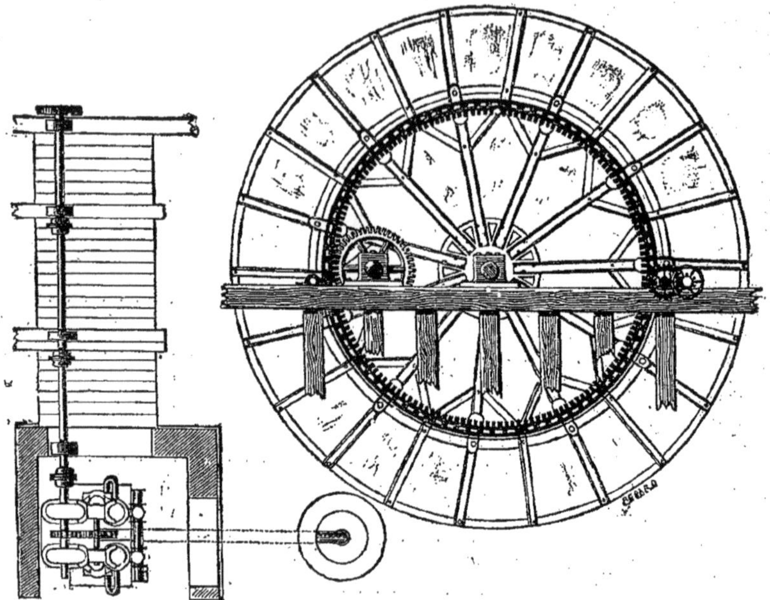

Fig. 90. — Moteur hydraulique pour grande distribution d'eau.

Constructions navales.

Etude d'un bateau à vapeur destiné au transport des marchandises sur les canaux.

Chemins de fer et traction sur les routes ordinaires.

1° Etablissement d'une gare intermédiaire et d'embranchement; 2° étude d'une locomotive mixte, à voyageurs et à marchandises, pour chemins de fer à fortes rampes et à courbes de petit rayon; 3° construction d'une locomotive destinée à fonctionner sur les routes ordinaires.

MODE DE SOUSCRIPTION

D'après les prévisions de l'auteur et de l'éditeur, l'ouvrage devra coûter, les livraisons étant achetées isolément, environ 350 francs; mais cette œuvre se publiant par livraisons de 3, 4, et 6 fr. et paraissant à des époques indéterminées, il a fallu, pour éviter les frais de correspondance considérables, surtout pour les clients de l'étranger adopter un mode de souscription.

Ils ont donc décidé que le prix, pour les souscripteurs à l'ouvrage complet, quel que soit le nombre de livraisons, serait de 300 fr. payables en 6 échéances de 50 fr. chacune : la 1re en souscrivant, la 2e lorsque le nombre de livraisons reçues par le souscripteur représentera la somme par lui versée, et ainsi de suite jusqu'à la terminaison de la publication.

L'ART DE L'INGÉNIEUR

PAR L. VIGREUX

Nomenclature des livraisons publiées (1er janvier 1878).

1re liv. Série *A*, 1re Introduction, **Résistance des matériaux**. In-8, pages 1 à 72, fig. 1 à 44. . . . . 3 fr.

2e — Série *A*, Mémoire du projet n° 1, **Transmission de mouvement par engrenages pour un laminoir**. In-8, pages 1 à 54, fig. 1 à 20, pl. I à III. Grand in-folio . . . . 4 fr.

3e — Série *B*, 1re Introduction, **Cinématique**. In-8, pages 1 à 128, fig. 1 à 69 . . . . 5 fr.

4e — Série *B*, Mémoire du projet n° 1, **Tracé des engrenages**, pages 1 à 80, pl. IV à VI. Grand in-folio . . . . 4 fr.

5e — Série *A*, 2e Introduction, **Résistance des matériaux**. In-8, pages 73 à 126, fig. 45 à 57. . . . . 3 fr.

6e — Série *A*, Mémoire du projet n° 2, **Comble en fer à grande portée**, du système Polonceau. In-8, pages 55 à 102 et pl. VII à IX. Grand in-folio . . . . 4 fr.

7e — Série *A*, 3e Introduction, **Résistance des matériaux**. In-8, pages 127, à 196, fig. 58 à 77. . . . . 3 fr.

8e — Série *A*, Mémoire du projet n° 3, **Calcul des dimensions des murs de soutènement**. In-8, pages 103 à 162 et pl. X et XI. Grand in-folio . . . . 4 fr.

9e — Série *E*, 1re Introduction, **Mécanique appliquée**. In-8, pages 1 à 48 fig. 1 à 34. . . . . 3 fr.

10e — Série *E*, Mémoire du projet n° 1, **Calcul de frottements. — Étude d'un treuil à engrenages muni d'un frein automoteur de MM. Tanney et Maîtrejean**. In-8°, pages 1 à 48 et pl. XII et XIII grand in-folio. 4 fr.

11e — Série *E*, Mémoire du projet n° 2, **Calcul des dimensions d'un frein de Prony**. In-8, pages 49 à 84 et pl. XIV et XV. Grand in-folio . . . 4 fr.

12e — Série *C*, 1re introduction. **Physique industrielle**. In-8, pages 1 à 70 fig. 1 à 13 . . . . 3 fr.

13e — Série *A*, Mémoire du projet n° 4, **Résistance des matériaux. — Étude d'une transmission de mouvement par câble télédynamique et par poulies et courroies**. In-8, pages 163 à 212, pl. XVI et XVII. 4 fr.

14e — Série *D*, 1re Introduction, **Hydraulique**. In-8, pag. 1 à 64 fig. 1 à 33. . . . . 3 fr.

15e — Série *D*, Mémoire du projet n° 1, **Hydraulique appliquée**. Série de problèmes relatifs aux mouvements de l'eau dans les tuyaux de conduites. In-8, pages 1 à 45. Pl. XVIII. . . . . 4 fr.

16e livraison et suivantes *sous presse* ou *en préparation*.

PORTEFEUILLE

DE

L'INGÉNIEUR DES CHEMINS DE FER

(2e SÉRIE [1])

Par MM. PERDONNET, POLONCEAU & FLACHAT

Interrompu une première fois par la mort d'un de ses fondateurs, M. Camille Polonceau, le *Portefeuille de l'Ingénieur des chemins de fer* a subi un second temps d'arrêt par l'impossibilité où s'est trouvé M. Sauvage, ingénieur en chef des mines, aujourd'hui directeur de la Compagnie de l'Est, de donner à cette publication le concours qu'il lui avait promis. La nouvelle perte d'un collaborateur aussi remarquable par son savoir et par sa pratique pouvait, pour un moment, retarder la continuation d'un ouvrage aussi utile, mais ne pouvait nullement en compromettre la réussite. M. Perdonnet s'est armé de courage et a seul, pendant quelque temps, continué l'œuvre qu'il avait fondée. Mais il avait trop compté sur ses forces, sur ses loisirs, et bientôt le nombre et la multiplicité de ses travaux, la refonte complète de son *Traité élémentaire des chemins de fer*, etc., l'engagèrent à s'adresser à M. Flachat pour achever l'œuvre commencée en 1842 avec M. Polonceau.

Cette nouvelle série du *Portefeuille des chemins de fer* est aujourd'hui terminée.

Nous n'avons pas à faire ici l'éloge du *Nouveau Portefeuille*, dont toutes les administrations et tous les ingénieurs ont apprécié l'utilité, mais nous croyons devoir indiquer quelques-unes des planches qui ont été réparties en douze séries :

La série **A** est consacrée spécialement aux travaux de terrassements, et à l'assainissement et à la consolidation des talus.

La série **B** reproduit les diverses espèces de rails.

Les planches de la série **D** représentent des changements et des croisements de voies.

La série **E** comprend les plaques tournantes, les chariots de service et les disques-signaux.

Les séries **F** et **G** représentent des wagons de divers systèmes et ayant diverses destinations.

La série **H** donne les détails des grues ; la série **J**, les détails des wagons de terrassement et du frein Guérin.

La série **K**, une des plus importantes par le nombre de ses planches, représente des plans de gares, des bâtiments types, des dispositions de stations, etc.

La série **M**, la plus importante de toutes, représente des ponts et ponceaux, des viaducs, des tunnels, des travaux d'art de toute nature (travaux exécutés du réseau français et des réseaux étrangers). On peut dire que MM. Perdonnet, Flachat et Polonceau ont fait de cette serie un véritable cours de construction.

La série **N** représente des locomotives des diverses Compagnies françaises et étrangères. On y trouve des spécimens de tous les types de tous les systèmes connus et adoptés.

Enfin la série **O** nous représente des tenders.

Comme on le voit, rien de ce qui concerne les chemins de fer n'a été

(1) La 1re série de cet ouvrage a été publiée d'abord en 1843, par MM. Perdonnet et Polonceau; elle était éditée par M. A. Mathias. Une 2e édition revue et corrigée de cette 1re partie a été réimprimée en 1862, par les soins de l'éditeur Lacroix, successeur du précédent.

émis dans le *Portefeuille de l'Ingénieur des chemins de fer*, dont le texte se subdivise en trois sections :

1° Le Texte proprement dit, où la partie technique est entièrement passée en revue ; 2° les Documents, qui sont les renseignements pratiques par excellence ; 3° enfin la Légende explicative et raisonnée des planches qui composent le *Portefeuille* proprement dit.

Complété par trois livraisons qui ont paru il y a quelque temps, le *Portefeuille* de MM. Perdonnet, Polonceau et Flachat constitue désormais, comme nous le disions plus haut, un véritable cours de construction qui distance, sans qu'il y ait de comparaison à établir, tous ceux publiés jusqu'à ce jour. Car, en dehors des chemins de fer proprement dits (la voie), toutes les grandes questions de constructions y sont traitées : charpente en bois et en fer, échafaudages, fondations, travaux hydrauliques, ponts et ponceaux métalliques et en maçonnerie, grands travaux d'art, etc., etc.; construction et aménagement des gares, maisons de garde, etc., etc. On trouve, dans cette dernière série, de véritables types qui ont servi à nombre d'architectes pour la construction des maisons modernes.

CONDITIONS DE VENTE

DU PORTEFEUILLE DE L'INGÉNIEUR DES CHEMINS DE FER

1re PARTIE. *3 volumes in-8° et un Atlas in-folio. 2e édition. Paris,* 1861-1862.

Le Texte forme un volume de 630 pages, avec tableaux; il est accompagné de 90 figures. Le volume de Documents compte 327 pages ou tableaux. Celui des Légendes explicatives des planches en a 233. Enfin, les planches de l'Atlas, réunies dans un carton, au nombre de 170, se subdivisent en 11 séries :

1 Série	A.	8	Travaux de terrassement.	7 Série	G.	13	Wagon à bagages et à marchandises.
2 —	B.	11	Rails et coussinets.	8 —	H.	7	Grues hydrauliques.
3 —	C.	3	Outils disposeurs de la voie.	9 —	J.	11	Wagons de terrassement.
4 —	D.	17	Changements et croisements de voies.	10 —	K.	51	Gares de voyageurs, à marchandises, débarcadères, stations, ateliers, etc.
5 —	E.	20	Plaques tournantes.				
6 —	F.	28	Diligences, wagons, freins, essieux, ressorts, détails.	11 —	L.	6	Hangars, charpente, grue de M. Arnoux.

Prix de cette partie ou série : **150 fr.**

2e PARTIE (*ou* Nouveau Portefeuille, *pour le distinguer de la 1re Série*).

Cette partie, comme la 1re, se compose : 1° d'un volume de Texte de 592 pages ou tableaux ; 2° d'un volume de Documents de 446 pages, accompagnées de plusieurs figures ; 3° de la Légende explicative de l'Atlas. Cet atlas se compose de 168 planches réunies dans un carton, qui, ainsi que pour la 1re partie de l'ouvrage, sont également subdivisées en plusieurs séries :

Prix de cette 2e partie : **225 fr.**

Série	A.	10	Terrassements, talus.	Série	H.	3	Grues-réservoirs, grues hydrauliques, détails.
—	B.	7	Rails divers, coussinets, écluses, nouveau système de voie.	—	J.	3	Wagons de terrassement, frein-Guérin.
—	D.	4	Changements et croisements de voies.	—	K.	31	Plans de gares, bâtiments de stations, maisons de garde.
—	E.	9	Plaques tournantes, chariots de service, disques-signaux.	—	M.	73	Ponts et viaducs les plus remarquables, types de ponts métalliques.
—	F.	10	Train impérial d'Orléans, wagons à voyageurs et à marchandises, détails de wagon.	—	N.	16.	Locomotives, types de tous pays, à voyageurs et à marchandises.
—	G.	1	Wagons-écuries.	—	O.	1.	Tenders divers.

Le prix du *Portefeuille* et du *Nouveau Portefeuille*, lorsqu'on les prend ensemble, est de **350** fr.

Les clients de la maison et les personnes qui donneront de bonnes références pourront effectuer le payement de ces 350 fr. par fractions, savoir : 100 fr. au comptant et 250 fr. en cinq billets de 50 fr. chacun, payables à trois mois d'intervalle.

Paris, 1er septembre 1868. L'Éditeur, EUGÈNE LACROIX.

BIBLIOGRAPHIE

DE

L'ENTREPRENEUR DE TRAVAUX PUBLICS[1]

AYMARD (M.). — Irrigations du Midi de l'Espagne; études sur les grands travaux hydrauliques. 1 vol. in 8 de 323 p. et atlas in-fol. de 16 pl. 30 »

BARRET. — Notes sur l'aménagement des ports de commerce. 1. vol. gr. in-8 avec 62 pl. et nombreux tableaux. 30 »

BEAUDEMOULIN. — Étude sur une propriété spéciale du sable. Gr. in-8. 2 »

BÉLIDOR. — Architecture hydraulique. 4 vol. in-4 avec pl. 100 »

— La Science de l'ingénieur. 1 vol. in-4 avec 53 pl. *Rare.*

BELIN, CHAUVEAU DES ROCHES ET VIGREUX. — Hydraulique appliquée. 1 vol. gr. in-8 de 75 p., avec fig. et 16 pl. 10 »

BIROT. — Guide pratique du conducteur des ponts et chaussées et de l'agent voyer. 1 vol. in-18 jésus avec atlas de 19 pl. 10 »

BORDE. — Machines élévatoires pour la construction des bâtiments et ouvrages d'art. Atlas in-fol. avec texte explicatif. 25 »

BOUNICEAU. — Études et notions sur les constructions à la mer. 1 vol. gr. in-18 jésus de 500 p., avec atlas de 44 pl. doubles. 18 »

CAMURRI. — Tables des coordonnées. 1 vol. gr. in-8 de 184 p. de tableaux et 6 pl. 7 50

CASTOR. — Recueil d'appareils à vapeur employés aux travaux de navigation et de chemin de fer, précédé d'un rapport sur les travaux de fondations du pont du Rhin, par M. BAUDE. 1 vol. gr. in-8, XII-127 pages et atlas in-folio. 40 »

Carnet de l'Ingénieur. Recueil de tables, de formules et de renseignements pratiques à l'usage de MM. les ingénieurs, conducteurs, architectes et manufacturiers. 1 vol. gr. in-18 jésus avec fig. 6 50

CHRÉTIEN. — Des machines-outils employés dans la construction. 1 vol. gr. in-8 avec pl. 3 50

DALLOT (A.). — Description du pont de l'Escaut à Audenarde. 1 vol. gr. in-8 avec pl. 6 »

DELFAU. — Constructions hydrauliques. Gr. in8. 3 »

— Nouvelles écluses. Gr. in-8. 3 »

DEMANET. — Cours de construction. 3e édition. 2 vol. gr. in-8 d'ensemble 1,139 p. et atlas de 61 pl. in-fol. dont 2 cartes col. 80 »

— Mémoire sur l'architecture des églises. 1 vol. in-4. 5 »

— Guide pratique du constructeur de maçonnerie. 1 vol. gr. in-18 jésus avec pl. 6 »

DOULIOT. — Charpente en bois. 1 vol. in-4 de 274 pages et atlas de 136 pl. 20 »

— Stabilité des édifices. 1 vol. in-4 et 7 pl. 15 »

DUFOUR. — Description d'un pont suspendu en fil de fer, construit à Genève. 1 vol. in-4 avec fig. et 3 pl. 5 »

ETZEL. — Notice sur les dispositions des grands chantiers de terrassements. 1 vol. in-4 avec atlas in-fol. 20 »

FABRÉ. — Théorie des charpentes. Gr. in-8. 4 »

— Théorie des voûtes élastiques et dilatables. Gr. in-8 avec pl. 3 »

---

(1) Tous les ouvrages mentionnés dans cette bibliographie sont en vente à la librairie *scientifique, industrielle et agricole* de E. LACROIX, 54, rue des Saints-Pères, Paris.

Fabré. — Rectification des formules pour le calcul des ponts métalliques. Gr. in-8. 2 50

Fellot. — Note sur la machine à perforer les roches, du capitaine Penrice, pour le percement des tunnels et galeries de mines, in-8, 2 pl. » 25

— Mémoires des ingénieurs civils, 1858.

Flachat. — De la traversée des Alpes par un chemin de fer. 1 vol. gr. in-8, 5 »

Gaudard. — Études comparatives de divers systèmes de ponts en fer. 1 vol. gr. in 8 avec nombr. tableaux et 9 pl. doubles. 12 »

— Théorie des arches de ponts en métal et en bois. 1 vol. gr. in-8 avec pl. 4 »

— Etude sur les conditions de résistance des ponts tournants, in-8, 36 p. et 3 pl. in-fol. 3 50

Gauthey. — Traité de la construction des ponts. 3 vol. in-4 avec 36 pl. 75 »

Godillot. — Calculs de résistance des poutres en tôle. 1 vol. in-8. 2 50

Guettier. — De l'emploi de la fonte dans les constructions. 1 vol. gr. in-8 de 550 p. et atlas de 25 pl. doubles. 30 »

Hacquard. — Nouveau système de battage des pieux et types de sonnettes. 1 vol. in-8 avec pl. 4 »

Hughes. — Tables donnant en mètres cubes les volumes des terrassements dans les déblais et remblais des chemins de fer, canaux, routes, etc. 1 vol. in-4 oblong. 10 »

Krafft. — Traité des échafaudages ou Choix des meilleurs modèles de charpentes. 1 vol. in-fol. de 51 pl. 25 »

Lacroix. — Dictionnaire industriel à l'usage de tout le monde ou les 100,000 secrets et recettes de l'industrie moderne. 2 vol. d'ensemble 1,600 p. avec 700 fig. intercalées dans le texte. 20 »

Love. — De la résistance et des diverses propriétés des métaux (fonte, fer et acier). 1 vol. gr. in-8 de 391 p. avec 51 fig. intercal. dans le texte. 8 50

Mary. — Cours de routes et ponts. 1 vol. in-4 avec atlas de 68 pl. in-fol. 45 »

Masselin. Dictionnaire raisonné et formulaire du métré et de la vérification des travaux publics, 1 vol. gr. in-8, 526 p. accompagné de 29 pl. 20 »

Mathey. — Projet d'un pont métallique. In-8. 3 »

Merly. — Album du trait théorique et pratique : épures, plans, coupes de charpente et de pierres de taille. In-4 oblong. 20 »

— Le livre de poche du charpentier. 1 vol. gr. in-18 jésus. 6 »

Mongé. — Traité pratique des constructions en fer. 1 vol. in-4 avec pl. 10 »

Molinos et Pronnier. — Traité théorique et pratique de la construction des ponts métalliques. 1 vol. in-4 et atlas de 48 demi-feuilles Gr. aigle. 125 »

Muller (E.), ingénieur civil. — Habitations ouvrières et agricoles, cités, bains et lavoirs, sociétés alimentaires, détails de construction; formules représentant chaque espèce de maison et donnant son prix de revient en tout pays; statuts, règlements et contrats, conseils hygiéniques, par le docteur A. Clavel. 1 vol. gr. in-8, 370 p. et atlas in-folio, de 40 pl. dont une coloriée. *Très-rare.* 60 »

Palaa. — Engins et appareils des grands travaux publics. 1 vol. gr. in-8 avec fig. et 15 pl. 10 »

— Dictionnaire législatif des chemins de fer. 2e édit., 1 fort vol. gr. in-8. 22 »

Perdonnet. — Portefeuille de l'ingénieur des chemins de fer. 6 vol. in-8 d'ensemble 2,468 p. de texte et 2 atlas d'ensemble 338 pl. in-fol. gravées sur acier. 350 »

Périssé. — Étude sur les portes d'écluses à la mer en France et en Angleterre. 1 vol. gr. in-8 avec 4 pl. 7 »

Perronnet. — Description des projets et de la construction des ponts de Neuilly. In-4 de 634 p. et 76 pl. *Rare.*

Polonceau. — Nouveau système de ponts en fonte. 1 vol. in-4 et atlas in-fol. de 16 pl. 22 »

Prony (de). — Nouvelle architecture hydraulique. 2 vol. in-4 avec pl. 90 »

Ravinet. — Code des ponts et chaussées. 6 vol. in-8. 55 »

Rebolledo. — Cours de construction. 1 vol. gr. in-8 et atl. in-fol. (*Sous presse.*)

Rolland. — De l'établissement des ponts et ponceaux. 1 vol. in-4. 3 50

Winckler. — Traité complet de la construction des ponts. 1 vol. gr. in-8 avec fig. et 7 planches. 10 »

MONOGRAPHIES

ET

ÉTUDES INDUSTRIELLES

Extraits des *Annales du Génie civil*

Catalogue par ordre alphabétique de matières

Aciers académiques, par Tom. Richard. 8 p. 3 fr.

Animaux domestiques (Les), par Eugène Gayot, 80 p., 5 fig. et 9 pl. 7 fr.

Appareils et instruments de l'art médical et Secours aux blessés sur les champs de bataille, par le Dr Gruby. 63 p. et 38 fig. 2 fr.

Appareils météorologiques enregistreurs, par Pouriau, 52 p. 11 fig. et 6 pl. 5 fr.

Appareils plongeurs, Cloches, Scaphandres, etc., par Eveillard. 12 p., fig. et 1 pl. 1 fr.

Arboriculture fruitière et Viticulture, par Ch. Baltet. 71 p., 43 fig. et 3 pl. 4 fr.

Art militaire. Fabrication des armes de chasse, armes de guerre, artillerie, engins, etc. par Rous et P. Schwaeblé. 176 p., 22 fig. et 17 pl. 14 fr.

Beaux-Arts et l'Industrie (Les), par Daguzan. 16 p. et 5 pl., dont une chromolithographie. 3 fr. 50

Bijouterie et joaillerie, par Schwaeblé. 12 p., 3 fig. 50 c.

Blanchiment, blanchissage, teinture et apprêt des tissus, par Kaeppelin, 1 vol. 164 p., 28 fig. et 12 pl. 10 fr.

Bois et forêts, par Robinson. 24 p. 1 fr.

Boissons fermentées (Etude sur les), par M. Boucherie, 1 vol., 41 p. 2 fr. 50

Briques et tuiles, par Bonneville, avec fig. et 6 pl. — Pierres artificielles, par Paul. — Revue des produits céramiques, par Jaunez. avec fig. Les 3 articles réunis en un seul volume sous le titre les Arts et les produits céramiques. 1 vol. avec fig. et pl. 10 fr.

Charronnerie, carrosserie et sellerie (La), par Rous. 36 p., 6 pl. 4 fr. 50

Chasse et la pêche (La), par A. Jeunesse. 1 fr.

Chaudières fixes (Description des principaux systèmes de) actuellement en usage, par Ortolan. 16 p. 1 fr. 25

Chaudières à vapeur, par Léon Droux. 16 p. et 3 fig. 1 fr. 25

Chauffage en Russie, par M. Jourdain, 1 vol., 22 p. 6 fig. et 4 pl. 4 fr.

Chaussure des troupes à pied, par Pitoy. 10 p. 1 fr.

Chronomètres, par Boitard. 16 p. 3 fr.

Communications dans les trains, par Camille Tronquoy. 13 p. et 6 fig. 3 fr.

Conserves alimentaires, par Boucherie. 17 p. 1 fr.

Construction des navires, par Cavelier de Cuverville, 49 p., avec fig. et pl. 3 fr.

Construction et exploitation des chemins de fer, par Benoit-Duportail, Morandière et Sambuc, suivi de la description du moteur funiculaire, par Soulié. in-8, avec fig. et 9 pl. 10 fr.

Constructions maritimes, par de Berthieu. 51 p., 6 fig. et 4 pl. 4 fr.

Cordages, par Parant. 16 p., 11 fig. 1 fr.

Corps gras alimentaires, par Robinson. 60 p., 5 fig. et 5 pl. 4 fr.

Cuirs et peaux, par Villain. 1 vol. 2 fr. 50

Dynamoteurs (Théorie et applications), par Guzman, 26 p. et 1 pl. 3 fr.

Eaux d'égoûts, par Le Chatelier. 24 p. 4 fr.

Eaux d'égoûts en Angleterre (Utilisation des), par Dudouy. 1 fr. 25

Ecoles professionnelles (Organisation des), par Van den Corput. 19 p. 3 fr.

Engins et appareils des grands travaux publics, par Palaa. 73 p., 2 fig. et 13 pl. 9 fr.

Enseignement primaire et enseignement professionnel, par Château. 93 p. 3 fr.

Enseignement populaire, par Henri Harant. 32 p. 1 fr.
Garance (La), son emploi dans la teinture, par Kaeppelin, 31 p. 2 fr.
Gaude (La), par Kaeppelin. 6 p. 1 fr. 25
Gaz (Industries du), par d'Hurcourt. 59 p., 4 fig. et 1 pl. 2 fr. 50
Goudrons (Etude sur les), par Knab. 1 vol. avec fig. 3 fr.
Habitations ouvrières (Les), par Lucien Puteaux et Foucher de Careil. 1 vol avec fig. et 13 pl. 10 fr.
Horlogerie, par J. Berlioz. 51 p., 12 fig. et 3 pl. 3 fr. 50
Huiles et des essences de pétrole (Combustion des), par Barret. 36 p. et 18 fig. 4 fr.
Hydraulique appliquee, par Chauveau des Roches, Belin et Vigreux. 1 vol. avec 16 pl. 10 fr.
Hydroplastie, électro-chimie, galvanoplastie, dorure et argenture, par A. de Plazanet. 1 vol. avec 7 fig. 32 pl. 4 fr.
Imprimerie et les livres (L'), la fonderie en caractères, par A. Jeunesse, avec fig. La lithographie, par Kaeppelin. — La gravure, par Gobin et les Etudes sur les cartes et les globes, par Pieraggi. Les 4 brochures réunies en un seul volume sous le titre général (*Art de peindre la parole*). 6 fr.
Industries de l'Orient et de l'extrême Orient (Les), par Dufour, Champion et Rous. 70 p., 18 fig. et 8 pl. 6 fr. 50
Insectes utiles et nuisibles, par A. Gobin. 67 p. 11 fig. 2 fr.
Instruments de précision, de physique et de navigation (Les), par E. Garnault. 115 p., 12 pl. et 11 fig. 9 fr.
Instruments et machines à calculer, par Rous. 21 p. et 13 fig. 1 fr.
Machines à coudre, par Bardin. 64 p., 40 fig., 2 pl. 3 fr.
Machines à vapeur, par Gaudry et Ortolan. 1 vol. in-8 et atlas de 36 pl. 25 fr.
Machines-outils à travailler le bois, par Vigreux et Raux. 1 vol. avec fig. et 15 pl. 10 fr.
Matériel et procédés de l'exploitation des mines, par Soulié et Lacour. 90 p., 10 fig. et 12 pl. 9 fr.
Métallurgie du mercure, par Balliano. 23 p. 4 fr.
Métaux bruts (Les), par Dufréné. 48 p., 7 fig. et 2 pl. 2 fr. 50
Minerais de soufre, par Amavet. 4 p. et 2 pl. 3 fr.
Minéralogie et Géologie, par Noguès. 140 p., 18 fig. et 1 pl. 5 fr.
Mobilier (Le), par Château. 37 p. et 3 pl. 3 fr.
Moyens de Sauvage à bord des paquebots à passagers, par Marmiesse. 16 p. 1 fr. 25
Papier et du carton (Fabrication du), par Payen, Vigreux et Prouteaux. 1 vol. avec fig. et 6 pl. 10 fr.
Papiers peints (Fabrication des), par Kaeppelin. 22 p. et 2 fig. 1 fr.
Photographie, par Camille Tronquoy. 64 p., 22 fig. 3 fr.
Poudre (La) pendant le siége de Paris, par L. Rous. 11 p. 1 fr.
Pression des gaz de la poudre, par L. Rous. 12 p. 4 fig. 1 fr. 25
Production industrielle du froid, par Dufréné 12 p. et 1 pl. 1 fr.
Produits chimiques. Matériel des arts chimiques, par L. Droux. 102 p., 4 pl. 10 fr.
Règle à Calcul à deux règlettes (Instruction sur la), par Péraux. 14 p., nombreuses figures. 2 fr.
Savonnerie (La), par Droux, 1 vol., 44 pl. 2 fr.
Savonnerie. Alcalimétrie, par Droux, 1 v. 1 fr. 25
Savons mous à base de potasse, par Droux, 1 vol 38 p. 1 pl. 2 fr.
Surchauffeurs (Note sur les), par Cavelier de Cuverville. 4 p. 1 fig. 1 fr.
Sylviculture, par Frochot. 17 p. et 4 fig. 1 fr.
Télégraphie (La), par le comte Th. Du Moncel. 59 p. et 19 fig. 2 fr. 50
Tissage, essai sur l'application du Drawbach aux tissus et aux fils, par Parant. 16 p. 1 fr. 25
Tissus, Généralités, Filature, Tissage, etc., par Eugène Parant. 146 p., 12 fig. et 5 pl. 7 fr.
Torsion (Etude sur la), par Tresca. 16 p. et 1 pl. 2 fr.
Tulles et les Dentelles (Les), par Thomas. 19 p., 6 fig. 1 fr.
Ventilation, par Camille Tronquoy. 52 p. 6 fig. et 3 pl. 4 fr.
Ventilation des hôpitaux, par Achard. 56 p. et 1 pl. 3 fr.
Verres et cristaux, par Noguès. 21 p., 16 fig. 1 fr.
Visite à l'Exposition de Vienne, par un abonné. 16 p. et 2 pl. 4 fr.
Voûtes droites symétriques, par Williot. 31 p. et 1 pl. 4 fr.

Imprimerie et Librairie de E. Lacroix, rue des Saints-Pères, 54, à Paris.

PETIT-COLIN ET CHAUMONT

PORTEFEUILLE DES APPAREILS, ETC.

DÉTAILS DES 88 PLANCHES QUI COMPOSENT CET OUVRAGE

Elles se vendent toutes séparément... 0 fr. 75

PREMIÈRE SÉRIE.

Machine à vapeur hydraulique ou d'épuisement à balancier (système Cornwall) de la force de 175 chevaux, par M. SCHNEIDER. Pl. 1 à 4.

Suite de la machine à vapeur hydraulique, par M. SCHNEIDER. Pl. 5 à 8.

Nouvelle plaque tournante du chemin de fer de Lyon, construite au Creuzot. Pl. 9 à 11.

Machine à rhabiller les meules de CH. TOUAILLON. Pl. 12.

Machine radiale à percer de M. HICK. Pl. 13 et 14.

Treuils de la machine d'épuissement de Chaillot. Pl. 15.

Coupe-racine de MM. RADIDIER et SIMONEL. Pl. 16.

Trieur-Vachon. Nouvel appareil à travail continu pour le nettoyage des grains. Pl. 17 à 19.

Machine à scier les pierres, par MM. RANDELL et SAUNDERS. Pl. 20.

Machine à vapeur locomobile de la force de 6 chevaux, par M. CALLA. Pl. 21 et 22.

Grande grue à volée variable en fer et en bois de M. HENDERSON. Pl. 23 et 24.

Machine à fabriquer les tuyaux de drainage (système Clayton), par M. CALLA. Pl. 25 à 27.

Presse dite Antifriction de M. DICK. Pl. 28.

Charrue draineuse ou Machine à poser les tuyaux de drainage, par MM. FOLWER et FRY. Pl. 29.

Comble en tôle ondulée, Gare du chemin de fer de l'Ouest, par M. E. FLACHAT. Pl. 30.

Machine à dresser et canneler les pierres, par M. EASTMANN. Pl. 31 et 32.

Machine à vapeur à haute pression de la force de 60 chevaux, du chemin de fer de Lyon. Pl. 33 à 35.

Charrue à pointe de soc mobile, par M. ARMELIN. Pl. 36.

Machine à faire les tenons de l'usine de Graffenstaden. Pl. 37 et 38.

Cisaille américaine de M. DICK. Pl. 39 et 40.

DEUXIÈME SÉRIE.

Extraction des minerais. Pl. 1.

Roue hydraulique à augets, par MM. SCHEUSEN et ALAN. Pl. 2.

Machine à faire les feuillures et languettes, du chemin de fer de l'Est. Pl. 3 et 4.

Appareils de panification : Pétrins, Caisse en bois et Caisse métallique. Pl. 5.

Fours à air chaud et à sole tournante, construction mixte et construction entièrement métallique, par M. ROLAND. Pl. 6 et 7.

Coupe-racines à divisions rectangulaires, par M. DURANT. Pl. 8.

Turbine motrice et élévatoire, par M. L. D. GIRARD. Pl. 9 à 11.

Presse hydraulique, par M. HICK. Pl. 12.

Scie à rubans ou à lame sans fin, par M. PÉRIN. Pl. 13 à 15.

Moulin à broyer le malt et Moulinet-Brasseur, de M. LACAMBRE. Pl. 16.

Turbine hydropneumatique à évacuation, par M. L. D. GIRARD. Pl. 17 et 18.

Marteau-pilon à vapeur, par M. ÉMILE MARTIN. Pl. 19 et 20.

Machine à vapeur à cylindre horizontal de la force de 25 chevaux, à haute pression, à détente variable et condensation, par M. E. BOURDON. Pl. 21 à 24.

Suite de la Machine à vapeur à cylindre horizontal, par M. E. BOURDON. Pl. 25 à 28.

Tue-teignes, assainisseur mécanique des grains, par M. DOYÈRE. Pl. 29.

Grue hydraulique du chemin de fer de Lyon, par MM. VARRALL MIDDLETON et ELWELL. Pl. 30 et 31.

Machine à couper la tôle, par MM. SHARP et STEWART. Pl. 32.

Féculerie : cylindre-laveur, par M. HUCK. Pl. 33.

Râpes, tamis rotatifs et pompes, par M. HUCK. Pl. 34 à 36.

Moulin à blé à quatres paires de meules (système américain), construit par M. ALAN. Pl. 37 à 39.

Râpes à pommes de terre, pour féculerie, par M. HUCK. Pl. 40.

TROISIÈME SÉRIE.

Turbine à bâche siphon, par M. L. GIRARD. Pl. 1 et 2.

Étau-limeur, par M. DECOSTER. Pl. 3 et 4.

Grande machine à raboter les métaux, par M. WHITWORTH. Pl. 5 et 6.

Frein-automoteur, par E. GUÉRIN. Pl. 7 et 8.

BULLETIN DE SOUSCRIPTION

Je soussigné déclare souscrire aux ouvrages pointés sur le présent *extrait du catalogue* de la librairie E. Lacroix, et j'en joins sous ce pli le montant en un mandat sur la poste au nom de l'éditeur.

Nom ______________________________

Qualité ______________________________

Rue ______________________________

Ville ______________________________

Département ______________________________

______________ *le* ______________ 187

Signature : ______________________

PUBLICATIONS DE LA LIBRAIRIE E. LACROIX

Nota. — Nous n'avons pas augmenté le prix de nos publications, cependant celui des matières premières, de la main-d'œuvre, de la poste, etc., ainsi que les frais généraux de tous genres se sont accrus dans des proportions considérables. Seulement, nous prions nos clients qui désirent recevoir des ouvrages *franco,* de nous adresser, en sus du prix fixé sur les Catalogues, un supplément correspondant à 10 % du prix marqué, pour la France et pour tous les pays ayant adhéré au traité de l'*Union des postes*; soit :

				France
Pour les ouvrages du prix de :		5 fr. et au-dessous		0 fr. 50
—	—	10 »	Idem	1 »
—	—	20 »	Idem.	2 »

L'éditeur, E. Lacroix.

Détacher ce feuillet et l'adresser franco par la poste.

Paris. — Imprimerie et librairie de E. Lacroix, rue des Saints-Pères, 54.

BULLETIN DE SOUSCRIPTION

Je soussigné déclare souscrire aux ouvrages pointés sur le présent *extrait du catalogue* de la librairie E. Lacroix, et j'en joins sous ce pli le montant en un mandat sur la poste au nom de l'éditeur.

Nom ______________________________

Qualité ______________________________

Rue ______________________________

Ville ______________________________

Département ______________________________

______________ *le* ______________ 187

Signature : ______________________________

PUBLICATIONS DE LA LIBRAIRIE E. LACROIX

Nota. — Nous n'avons pas augmenté le prix de nos publications, cependant celui des matières premières, de la main-d'œuvre, de la poste, etc., ainsi que les frais généraux de tous genres se sont accrus dans des proportions considérables. Seulement, nous prions nos clients qui désirent recevoir des ouvrages *franco*, de nous adresser, en sus du prix fixé sur les Catalogues, un supplément correspondant à 10 % du prix marqué, pour la France et pour tous les pays ayant adhéré au traité de l'*Union des postes*; soit :

				France
Pour les ouvrages du prix de :	5 fr.	et au-dessous	0 fr.	50
— —	10 »	Idem	1	»
— —	20 »	Idem.	2	»

L'éditeur, E. Lacroix.

Détacher ce feuillet et l'adresser franco par la poste.

Paris. — Imprimerie et librairie de E. Lacroix, rue des Saints-Pères, 54.

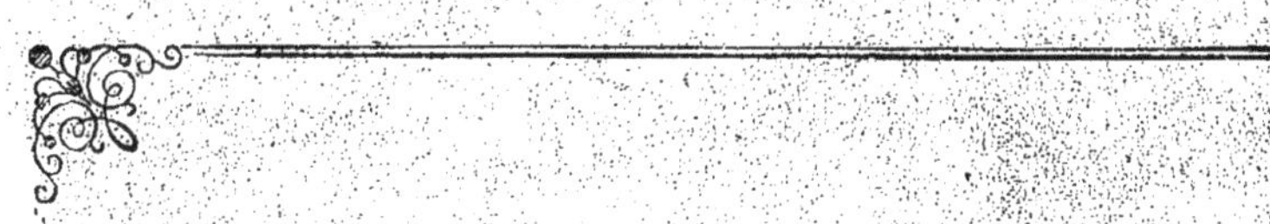

Imprimerie et Librairie de E. Lacroix, rue des Saints-Pères, 54, à Paris.

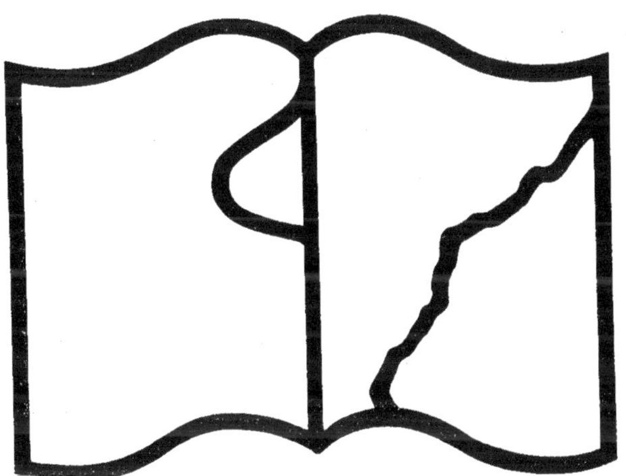

Texte détérioré — reliure défectueuse

NF Z 43-120-11

A
B

www.ingramcontent.com/pod-product-compliance
Ingram Content Group UK Ltd.
Pitfield, Milton Keynes, MK11 3LW, UK
UKHW021054200726
13857UKWH00003B/911